A hands on
introduction
to using
generative AI

手を動かして学ぶ

生成AI

使い方入門

石田基広 著
鳥井浩平 著

C&R研究所

||| PROLOGUE

　AIがすごい、AIが人間の仕事を奪っていく、などという言葉を聞かない日はありません。本書を手にとった方の中には、少なくともChatGPTについては聞いたことがあり、実際に使ってみたことのある人もおられるでしょう。

　ChatGPTのような文章を生成するAIと並んで、画像を生成するAIも人気を博しています。2022年に世界的にサービスが展開されたMidjourneyはプロンプトというキーワード（一部界隈では呪文ともいう）を指定することで、絵画風、あるいはイラスト風、さらには実写風の画像を生成してくれるAIです。画像生成AIはChatGPTでもDALL·E 3として組み込まれています。

　文章を生成する、あるいは画像を生成するAIの発展の背後には、ディープラーニングという技術があります。2010年以降、急速に研究と開発が進んだディープラーニングの登場によってAIは文章や画像を人間と同じように認識する能力を向上させました。そして、2020年以降は、文章や画像を人間のように生成するAIの開発と普及が進んでいるわけです。

　本書はAIによる画像認識あるいは文章生成の原理や仕組みを実際に自分の手で動かしながら学びたいという方や、生成AIを実生活に応用したいという方向けに構成されています。

　現在、AIを自分で動かすには大きく2つの選択肢があります。1つはAIを動かす環境を自分のパソコンに構築する方法です。これには少し手間がかかります。他方、クラウド環境も広く利用されています。クラウド環境の場合、自分のパソコンにブラウザさえインストールされていれば、すぐに利用できますが、そのサービス用のアカウントが必要です。

　本書では、主にクラウド環境のAPIという仕組みを通じて、比較的簡単かつ短いコード（プログラミング言語の命令）で、言語生成AIや画像認識AIを手軽に利用する方法について解説しています。

　ただし、最後の章においては、現在のAI技術の根幹にあるディープラニングと、これをPythonで実装する方法についてやや詳しく解説しています。なお、この章においては、Pythonを自身のパソコンにインストールして利用する方法を紹介しています。

本書では、AIを手で動かす、また生成AIを応用するために、Pythonというプログラミング言語を利用します。プログラミングは本格的に習得しようとすると、時間と忍耐を要する学習テーマです。ただ、ChatGPTの登場によって、プログラミングのハードルは大幅に下がっています。ChatGPTに日本語で、たとえば「Pythonでデータを読み込みたい」というと、プログラミング方法を教えてくれるからです。とはいえ、ChatGPTの回答が常に動くとは限りません。その場合、ChatGPTに再度回答させるか、あるいは自分で修正する必要があります。そのためには、やはりプログラミング言語の基礎的な知識は必要です。

　まずは、本書に記載されている内容を模倣し、実際に自分で動かすことでAI技術にふれ、この体験を通じて、さらにAIを活用するために必要な知識と技術を身につけること、これが本書の目的となります。

2024年6月

石田基広、鳥井浩平

本書について

執筆環境について

本書の執筆環境は下記の通りです。

- Google Colaboratory
- Windows 11

なお、本書で利用してるOpenAIのサイトや、Microsoft Azureなどについてはユーザーインターフェイスなどが変更になる場合があります。本書では執筆時点の環境で手順などを記載していますが、ユーザーインターフェイスなどが変更されている場合は、読み替えたり、そのサイトなどのヘルプを参照してください。

有料サービスの利用について

本書では、ChatGPT PlusやMicrosoft Azureなど、有料サービスを利用している箇所があります。利用にあたってはクレジットカードの登録が必要になるものもあります。また、利用料については、従量課金制となるものについては、使い方によって高額になる可能性もありますので十分にご注意いただければと思います。なお、サンプルの実行等によって生じる利用料については、いかなる場合も責任を負いませんので、あらかじめご了承ください。

サンプルコードの中の▼について

本書に記載したサンプルコードは、誌面の都合上、1つのサンプルコードがページをまたがって記載されていることがあります。その場合は▼の記号で、1つのコードであることを表しています。

サンプルコードの折り返しについて

本書に記載したサンプルコードの中には、誌面の都合上、行の途中で折り返して記載されている箇所があります。実際の改行位置については下記のサポートサイトから利用できるサンプルをご確認ください。

サンプルについて

本書で紹介しているコードなどについては、下記のサポートサイトから利用可能です。

URL https://genai-book.github.io/materials/

CONTENTS

■CHAPTER 01

AIとは

■CHAPTER 02

クラウドサービスの利用

■CHAPTER 03

AIをカスタマイズする

■CHAPTER 04

言語生成AI応用例

■CHAPTER 05

クラウド環境による簡易的な画像認識

■CHAPTER 06

画像認識AIの基礎

■ APPENDIX

Google Colaboratoryの基本操作と
Anacondaの導入

CHAPTER 01

AIとは

AIの背景と技術

まずはAIの背景とその技術について簡単に説明します。

▌▌▌AI（人工知能）とは

AIは「Artificial Intelligence」を略した言葉で、「人工知能」と翻訳されます。人間が無意識に行っている行動や思考を、機械やコンピュータにも模倣させようとする試みが人工知能の発端でした。その起源は古く、たとえば1950年代初頭にアラン・チューリングという数学者が「チューリングテスト」を提案しています。これは、人間がコンピュータとキーボードを通して会話を行うテストですが、一方の側の人間の被験者が、他方の相手を人間と認識するかどうかをテストするものです。もしも人間が、AIによって生成された文章を自然だと判断すれば、チューリングテストにパスしたことになります。

このテストについては2014年に合格したといわれる実験例があります。Eugene Goostman（ユージーン・グーツマン）というAIで、当時最新のスーパーコンピュータを使って人間と会話をしました。ただ、ユージーン・グーツマンでは、「英語が流暢ではないウクライナ出身の13歳の少年」という設定があり、これにより審査員に「人間的な回答である」と判断させることに成功したとも考えられています。すなわち、ユージーン・グーツマンに可能なのは、設定がかなり限定された状況での会話であり、自然な状況の英会話を実現できたわけではありません。

▌▌▌AIの発達と生成AI

人間の言葉を発するAIの応用が進むきっかけになったのは、2017年にGoogleが発表したTransformerという技術です。Transformerはディープラーニング技術の1つです。ディープラーニングというのは、画像認識という分野で優れた結果を出したことで、2012年ごろから急速に応用の進んだ技術です。画像認識というのは、たとえば犬と猫それぞれの画像を用意し、どちらの画像に犬が映っているのかを判定する課題です。ディープラーニングは、入力となるデータを複数のふるいに通すことで、本質的な特徴を見つけ出すという技術です。入力データが多ければ多いほど、データの特徴を学習することができます。大量のデータを処理するには、高性能のコンピュータを利用する必要があります。2010年以降は、コンピュータのハードウェア面でも大きな進歩があり、ディープラーニングの応用がさかんに試みられました。ディープラーニングについては、本書のCHAPTER 06で改めて説明します。

▶自然言語処理におけるディープラーニング

画像認識でブレイクしたディープラーニングは、やがて言語生成の分野でも使われるようになります。コンピュータに人間の言葉を理解させる、あるいは発声させることを研究する分野は「自然言語処理」といいますが、ディープラーニングは、実用化に至っていなかった自動翻訳や、要約（長文テキストの内容を簡潔にまとめること）においても導入され、飛躍的な成果を上げてきました。

ただし、言語処理分野でディープラーニングを応用するにはいくつかの欠点もありました。我々が文章を読んで理解するというのは、文章のつながりを理解するということです。前の文章を理解した上で、後に続く文章を理解する必要があります。その前の前の文章についても理解しておく必要があります。これを文脈（コンテキスト）といいますが、AIが言語を発する（生成する）ためには、できるだけ多くの文脈を高速に処理する必要がありました。この課題を克服することを可能にしたのが2017年にGoogleによって公表されたTransformerという技術です。さらにTransformerは、画像を生成するAIにおいても利用されるようになっています。画像生成AIとは、キーワードあるいは文章を与えると、その言葉を反映した画像を生成するAIのことです。

▶代表的な生成AIサービス

2022年には、代表的な2つの生成AIサービスが一般に公開されます。Midjourneyは精密な画像を生成することのできるサービスとして大いに人気を博しています。また、ChatGPTは、人間の質問に対する適切な回答を、まったく自然な言葉で返してくれるサービスです。いずれも、ブラウザさえあれば誰でもユーザー登録して利用できるサービスです。現在のAIの隆盛の背景には、AI技術が専門家だけでなく、一般の人にもアクセス可能になったことがあります。

- ● Midjourney
  URL https://www.midjourney.com/home

- ● ChatGPT
  URL https://chat.openai.com/

さらには、ChatGPTにはユーザーの個別の用途に合わせて機能を拡張する方法が用意されています。たとえば、自分の会社に蓄積された資料に基づいて回答を生成させることが可能です。本書でも方法を解説しています。ただし、OpenAI社のChatGPTで自身の目的に合わせたカスタマイズを行う場合には、2024年6月時点では有料契約をする必要があります。すなわち利用料を支払う必要が生じます。これは高いハードルと感じられるかもしれません。実は、会話型AIを公表しているのはOpenAI社だけではありません。他にも複数の会話型AIが公開されており、これらの多くは無料で利用することができます。皆さんが日常利用されているLINE社も会話型AIのモデル（素材）を提供しています。

ⅡⅡ 生成AIをカスタマイズするには

　こうした無償のAIを、自分自身の用途に応じてカスタマイズする場合は、プログラミング言語を使う必要があります。プログラミング言語そのものを1から理解し、自由自在に使えるようになるのは非常に難しいことです。難しさの要因は主に2つあるといえます。1つは、たとえばExcelで表にまとめられたデータから円グラフを作成することを考えてみましょう。Excelの場合、大まかな手順は表をマウスで範囲指定した上で、メニューからグラフを作成するためのアイコンを押すという作業になるかと思います。

　一方、プログラミング言語では、まず表にまとめられたデータのどこからどこまでを描画するのか、それをどのような見栄えのするグラフとするのかを、コードといわれる命令で文字として入力して実行する必要があります。マウスではなく、コードという言葉を通してコンピュータとやり取りします。マウスの場合、クリックすべき場所が多少ずれていたとしても、ほとんどの場合、うまく動作します。ところがコードだと、一文字でも間違えてしまうと、そこでエラーになり作業がストップしてしまいます。誤字を直すのは、普通の日本語でも簡単ではありません。まして、慣れないプログラミング言語だと、間違いを探すのは容易ではありません。また、当然のことですが、「表のどこからどこまで」という指定を飛ばしてグラフを描こうとしてもエラーになります。順番、あるいは手順が非常に重要になります。Excelの場合、どのようなグラフを描くのかを人間が指定しなくとも、Excelが指定された表に適切そうなグラフを出力します。プログラミング言語でグラフを描く場合は、どのようなグラフを出力するのかはっきり命令で書かないとエラーになります。このようにプログラミング言語は、実行したいことを複数の命令に細分化し、それを順番通りに並べることを、人間のほうで意識的に指定する必要があります。

▶ 目的を限定すればプログラミング言語をマスターする必要はない

　このように記すと、自分にはプログラミング言語は無理と思われるかもしれません。実際、筆者は大学でプログラミング言語を指導していますが、どうしても馴染めないとあきらめてしまう学生は少なくありません。

　しかしながら、生成AIをカスタマイズするという目的に限定してしまうと、実はプログラミング言語をマスターする必要はありません。たとえば、本書でも紹介しますが、Hugging FaceというAI素材を提供しているサイトでは、ダウンロードページにAI素材を利用するためのコードが紹介されています。そのコードをコピーすればAIをすぐに動かすことができます。また、掲載されているコードは十数行であることがほとんどです。何ページも延々と続くようなコードはありません。さらに、Hugging Faceに掲載されているコードはPythonというプログラミング言語で書かれています。

　Pythonは習得のハードルが非常に低いことで知られています。次節で簡単に実例を紹介しましょう。

AIを試してみる

本節ではブラウザで利用できるサービスでAIを試してみます。

▌▌▌ Hugging Faceの大規模言語モデル

ここでHugging Faceで公開されているモデルをブラウザ上で試してみましょう。

下記URLのHugging Faceのポータルにアクセスし、右上の「Sign Up」ボタンをクリックします。

● Hugging Face

URL https://huggingface.co/

メールアドレスとパスワードを設定すると、メールアドレスの確認を求めるHugging Faceからの通知が届きます。リンクをクリックして認証を完成させ、改めてHugging Faceのポータルにログインします。

ログインした状態で、下記のアドレスを入力して移動してください。

URL https://huggingface.co/tasks/text-generation

ここでは、言語の生成モデルを試すことができます。筆者がアクセスした時点では、「HuggingFaceH4/zephyr-7b-beta」が言語モデルとして設定されていましたが、別の言語モデルが使われていることがあるかもしれません。

15

　ここに、「ラーメンと中華そばの違いは」と質問を入力して「Send」ボタンをクリックしてみます。

　すると、次のような回答が返ってきました。

　簡易的なインターフェイスであるため、出力文字数を指定できないので、文章が途切れてしまっていますが、日本語として不自然さのない文が出力されているのが確認できます。

▌Pythonで大規模言語モデルを呼び出す

　ここでプログラミング言語を使って、大規模言語モデルに質問を送り、答えが返ってきている様子を紹介しましょう。

　ここでは、Google Colaboratoryという、ブラウザで利用できるPythonプログラミング環境を使っています。皆さんがGoogle Colaboratoryを使うための方法については、後で説明します。この段階では、Google Colaboratoryとはどういうものかをイメージしていただくことを目的としています。

　ここでは、大規模言語モデルをLINE社が開発したモデルを指定して、質問を送っています。

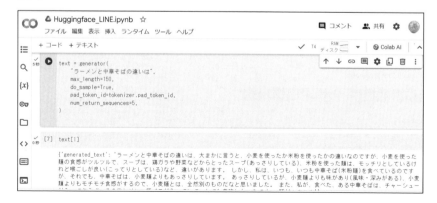

出力は次のような内容でした。

> ラーメンと中華そばの違いは、大まかに言うと、小麦を使ったか米粉を使ったかの違
> いなのですが、小麦を使った麺の食感がツルツルで、スープは、鶏ガラや野菜などか
> らとったスープ（あっさりしている）、米粉を使った麺は、モッチリとしているけれど
> 喉ごしが良い（こってりとしている）など、違いがあります。しかし、私は、いつも、い
> つも中華そば（米粉麺）を食べているのですが、それでも、中華そばは、小麦麺よりも
> あっさりしています。あっさりしているが、小麦麺よりも味があり（風味・深みがあ
> る）、小麦麺よりもモチモチ食感がするので、小麦麺とは、全然別のものだなと思いま
> した。また、私が、食べた、ある中華そばは、チャーシューが入っておらず、その代わ
> りに、豚バラが入っていて、とても美味しかったです。麺がツルツル

　一見もっともらしいですが、内容は間違っているようです。文章を生成するAIは、こう
した虚偽の回答（ハルシネーションといいます）を出力することが多々あります。正しくはあ
りませんが、日本語の文章として不自然さはありません。

　ここで利用したLINEヤフー社の大規模言語モデルは、実は複数公開されている中
の最小のファイルです。大規模言語モデルは、そのサイズ（後述する**パラメータ**の数
で表現されることが多いです）が大きければ大きいほど、より自然な文章を出力するこ
とができます。その点で、ここで試した言語モデルはごく基本的なモデルであるため、
ChatGPTと比較してしまうと性能が劣るようです。本書では、基本的にOpenAI社が用
意している大規模言語モデルを利用する予定です。

AIの技術

さて、ここでAI技術について、もう少しだけ広く説明しておきたいと思います。理屈よりも、まずは試してみたいという読者は、ここで第1章をスキップし、第2章に進んでいただいても問題ありません。

最初に、現在のAI技術の中核をなすのはTransformerだと説明しました。しかしながらTransformerが広まったのは2017年以降です。それ以前においてもAIは数々の課題の解決に役立っていました。その技術的背景を端的に表す言葉をいくつか挙げるとすれば、機械学習、そしてビッグデータでしょう。下記でこれらのキーワードについておさらいします。

▐▐▐ 機械学習（Machine Learning）

たとえば人間は、朝、家を出る際、空模様や気温などから、午後に雨が降るかどうかを予測して、傘を持っていくべきか判断することがあります。これは人間が過去の経験やニュースなどの知識を通じて判断している行為です。機械学習は、データという形で過去の情報を学習し、そこから予測を行います。ただし、機械は人間がとても処理できないほどの量のデータを処理することができるため、過去の多くの情報を利用することができ、その分、予測の正確さも増します。また、学習するスタイル（技術）を変えることでも、予測精度は上がります。一般に学習するスタイルが複雑になるほど、予測精度は上がりますが、一方で機械が学習するためのリソース（性能、時間）も多く必要とします。

▐▐▐ ディープラーニング（Deep Learning）

実は、ディープラーニングも広くは機械学習の技術の1つになります。ディープラーニングでは、データからパターンや関係性を学習するのに、人間の脳神経細胞をモデルにしたニューラルネットワークが使われます。ディープラーニングは、機械学習のさまざまな技術の中でも特に高い性能を誇っています。そのため、画像認識や自然言語処理、音声認識、さらにはいわゆる生成AIといった複雑なタスクでは、ほとんどの場合でディープラーニングが応用されています。現在、狭い意味でAIという場合、ほとんどがディープラーニングを利用しています。ディープラーニングの詳細については、CHAPTER 06で改めて解説します。

▌▌GPU

一般にコンピュータで計算を担うのはCPUという装置です（一種の半導体です）。しかしCPUは、もともとディープラーニングのような複雑な処理を想定して作られたものではありません。そこで、GPU（Graphics Processing Unit：グラフィックボード）をコンピュータに追加して、データの学習を効率的かつ高速に行うのが一般的です。GPUではNVIDIAというメーカーの製品がほとんどの場合使われます。NVIDIAのGPUは、もともとはディスプレイへの出力、またビデオゲームでの画像処理グラフィックスを表現するための機器ですが、今ではAIの学習のために使われることが非常に多くなっています。さらにビットコインのネットワーク計算をするためにも使われています。

GPUは非常に高価です。一般ユーザー向けに発売されているGEFORCE RTXという製品では、5万円から35万程度で流通しています（2024年1月の時点）。ただし、GPUはどんなパソコンにでも接続できるわけではなく、また消費電力も大きいので、手持ちのパソコンで使えるのどうか事前に検討が必要です。最初からGPUを搭載している製品を選ぶのが無難ですが、その場合、20万円から50万円程度の出費が必要になります。

さらには、GPUを搭載したコンピュータを用意できたとしても、それでAIの学習ができるようになるわけではありません。AI用のドライバをインストールする必要があります。インストールできたら、次に、Pythonなどのプログラミング言語でそのドライバを利用するための環境設定を整えることになります。

▶クラウド環境で使えるGPU

こうして説明すると、AIの開発は非常にコストがかかることがわかると思います。自分で一から整えるのはかなりハードルが高く、やる気もうせてしまうかもしれません。ただし、実は別の方法もあります。それはクラウド環境を使うことです。Google Colaboratoryで使える環境にはGPUと、これを使うためのドライバなどがすでに整っています。つまり、無料でGPU付きのパソコンを使えるようなものです。そんな虫のいい話は信じられないと思うかもしれませんが、事実です。

ただし、無料環境ではいくつかの制約があります。まず、無料版でもGPUを使うことができますが、有料版にするとより高速なGPUが使えるようになります。また有料版では、使えるメモリサイズが大きくなります。さらに、無料版の場合、最長12時間で処理にリセットがかかってしまいます。ビッグデータを1からAIに計算させる場合、学習には数時間、数日かかることが珍しくありません。無料版では、その学習途中で処理が強制的に停止されてしまいます（本書で12時間以上の学習を行わせることはありません）。もし、12時間を超えるような大規模な学習を行いたければ、そのときだけ、有料版に移行するという手段もあります。有料版にはProとPro+があり、前者は月額1000円程度、後者は5000円程度です。

また、MicrosoftのAzureや、AmazonのAWSサービスという選択肢もあります。GoogleにもGoogle Cloud Platform（GCP）というクラウドサービスがあります。言語処理に関しては、OpenAI社のクラウドサービスも利用できます。OpenAI社のサービスについては、この後、第2章で取り上げます。AI関連のクラウドサービスの多くは従量課金制です。つまり、使った分だけ支払いが生じます。場合によっては、高額になることもありますが、しかしながら、GPU付きパソコン一台を自分で購入することを考えると、かえって安上がりになる可能性もあります。

とはいえ、小規模なディープラーニングモデルであればCPUでもある程度の処理を行うことができます。本書のCHAPTER 06では画像をディープラーニングモデルに学習させますが、ここではGPUを使いません。CPUのみで計算を行っています。

■ ビッグデータ（Big Data）

ビッグデータというと、どれくらいのサイズがあればビッグといわれるのかと問われることがあります。ただビッグデータは、特定の大きさ（量）を超えるデータを表すというだけではなく、より多様な情報をデータとして扱うという意味合いもあります。画像はもちろん動画も現在ではよく利用されているデータです。また、IoTといい、工場や畑のセンサーが数分あるいは数秒おきに出力する数値データの集まりもビッグデータです。ビッグデータは、機械学習による学習の精度を高めるのに役に立ちます。

一方で、「ガベージイン・ガベージアウト」という言葉があります。これは、「ゴミを入れてもゴミしか出てこない」という意味で、AIの分野では入力するデータの質が問われるということを表しています。学習の質を高めるデータをそろえるのは容易なことではなく、現代のAIにとって悩ましい問題ともいえます。

■ データの学習（Learning）

機械学習やディープラーニングにおける学習とは、入力された大量のデータにひそむ特徴を見つけ出すことです。

典型的な例としては、被写体となっている動物が犬なのか猫なのかを識別するタスクがあげられます。簡単に猫あるいは犬といってもいろいろな種類がいます。また、同じ種類、たとえば同じコーギー犬であっても、個体ごとに微妙に色あるいは大きさが異なります。

犬と猫を判別するという課題の場合、個々の個体を見分けるのが目的ではなく、犬と猫それぞれを見分けるのに必要最小限の特徴を見つけ出すことです。あまり多くの特徴にとらわれてしまうと、コーギーだけを犬とは別の動物と判定してしまったりします。もちろん、犬の種類を見分けるのが目的であれば、コーギーの特徴を見つけることが必要です。コーギーの特徴を見つけ出すことは比較的簡単そうに思えますが、毛色は個体によって異なり、また実は短毛種の他に長毛種もいるらしいので、こうした小さな違いによって別々の犬種と間違って識別されないようにするには、大量のデータを用意するなど、周到な準備と作業が必要です。

CHAPTER 02

クラウドサービスの利用

本書で利用するクラウド環境

第1章で、公開されているAIをカスタマイズして利用する、あるいは自身でAIを本格的に開発する場合、GPUという高価なデバイスが必要になることを説明しました。この場合、手元のパソコンでGPUデバイスを追加して利用することができるかどうかの確認も必要です。また、追加できたとしても、GPUをパソコンに認識させるためのドライバのインストール、さらにはPythonなどのプログラミング言語がGPUを認識できるようにする設定も行わなければなりません。

一方、クラウドには、GPU が整備された環境が提供されている場合があり、思い立ったその日からAIのカスタマイズや開発を始めることができます。クラウド環境の欠点をあげるならば、クラウドサービス特有の概念（用語）を知る必要があること、作業環境のスペックを上げるにはクレジットカードを登録した上で、一定の支出が必要なことなどがあります。支出については、クラウド環境でのスペックを上げれば、それだけ課金されます。うっかりすると、GPUを購入したのと同じ程度の額になることもあるので、毎月の利用状況はしっかり把握しておく必要があります。

本書ではクラウド環境として、OpenAIとMicrosoft Azure、そしてGoogle Colaboratoryを利用します。本書の利用範囲では（課金されたとしても）わずかな額に留まるはずですが、塵も積もれば山となりますので注意してください。

ChatGPT

まずChatGPTを開発環境として利用することを考えます。2022年11月に公開された
ChatGPTは、瞬く間に世界中のユーザーに利用されることになり、翌2023年はまさに生
成AIの年となりました。ChatGPTはブラウザで利用できる他、スマートフォンアプリとして
も利用できます。スマートフォンアプリでは、音声入力が容易であり、また音声出力にも
対応しています。

ChatGPTでは、GPT-3.5またはGPT-4という大規模言語モデルが使われています。
ただし、後者のGPT-4は2024年6月現在、有料で、ChatGPT Plusにアップデートし
なければ使えません。2024年6月現在、ChatGPT Plusを利用するには月額20ドル（日
本円で3000円程度）が必要です。また、GPT-4は、Microsoft の検索サービスBing
（Copilot）でも使われています。Bingは無料で使えるので、よく「BingでChatGPT-4を
無料で使える」と紹介されているのを目にします。ただ、Bingで使われているGPT-4はイ
ンターネット検索用にカスタマイズされているように思われ、ChatGPTのブラウザサービス
でGPT-4を指定する場合とは挙動が異なるような印象があります。

▌▌▌カスタム指示

さて、ここでは無料版のChatGPTでのカスタマイズ機能について確認します。ブラ
ウザ版でメニューには「カスタム指示」という項目があります。上に「ChatGPTにあなた
について何を知らせれば、より良い応答を提供できると思いますか？:What would you
like ChatGPT to know about you to provide better responses?」、また下には
「ChatGPTにどのように応答してほしいですか？:How would you like ChatGPT to
respond?（どのように応答してほしいか）」とあります（ただし、Webサイトのインターフェイ
スは変更されることがあります）。

ChatGPTをカスタマイズする

カスタム指示書 ⓘ
ChatGPTにあなたについて何を知らせれば、より良い応答を提供できると思いますか？

特に指定されない限り、質問者はデータサイエンティストと想定してください。

36/1500

ChatGPTにどのように応答してほしいですか？

特に指定されない限り、日本語で回答してください。

24/1500

新しいチャットで有効にする　　　　　キャンセル　保存

　前者には、ChatGPTに知っておいてほしいこと、会話の前提となる情報を指定してきます。たとえば、シチュエーション（学校とか会社とか）、話題（ゲームとか映画とか）を指定すると、以降、ユーザーの質問はシチュエーションや話題が指定されているものとして回答が出力されます。

　一方、後者にはChatGPTの回答のスタイルを指定します。たとえば、「ですます」調か「である」調とか、あるいは語尾に「知らんけど」を必ず加えるなどを指定できます。

　上図では、質問者（ユーザー）がデータサイエンティストという想定で、日本語で回答するよう指示しています。いわばChatGPTのカスタマイズができるわけです。

　たとえば次のように設定したとしましょう。

設定項目	設定内容
ChatGPTにあなたについて何を知らせれば、より良い応答を提供できると思いますか?	あなたはドラえもんです。
ChatGPTにどのように応答してほしいですか?	最初に「ぼく、ドラえもんだよ」と入れてから、のび太君に教えるように回答してください。

　そして、ここで次のように質問をします。

家庭の電気はどうやって作られているの?

　これに対する回答は次のようになるでしょう。

ぼく、ドラえもんだよ。電気がどうやって作られているのか、のび太くんに教えてあげるね。
家庭で使われる電気は、さまざまな方法で作られているよ。主な方法は以下の通りだよ。

1. **火力発電**: 石炭や天然ガス、石油などの化石燃料を燃やして高温の蒸気を作り、その蒸気でタービンを回して発電する方法だよ。

2. **水力発電**: 川やダムの水の力を利用してタービンを回し、電気を作る方法だね。自然の力を使うから、環境にやさしいんだ。

3. **原子力発電**: 核分裂のエネルギーを利用して熱を発生させ、その熱で蒸気を作り、タービンを回して発電する方法だよ。非常に効率がいいけど、放射性廃棄物の処理や安全性が課題となっているんだ。

4. **風力発電**: 風の力で大きな羽根を回し、その動力で発電する方法だね。こちらも自然エネルギーを利用するから環境に優しいよ。

5. **太陽光発電**: 太陽の光を直接電気エネルギーに変換する方法。太陽光パネルを使うんだ。

これらの方法で作られた電気は、電力会社を通じて各家庭に送られてくるんだよ。でもね、のび太くん、電気を無駄に使わないことも大切だよ。環境に優しい生活を心がけようね!

ChatGPT Plusでできること

月額20ドル（2024年5月現在）のサブスクリプション形式のChatGPT Plusで（2024年5月現在）できることを紹介しましょう。

⊪ ChatGPT Plusで利用できるようになる主な機能

ChatGPT Plusで利用できるようになる主な機能には、次のようなものがあります。

▶マルチモーダル

ChatGPT-4では、画像を解釈し、その情報にもとづいて回答を生成することができます。たとえば、センター試験の数学の問題を撮影して、この画像をChatGPT-4にアップロードして、解答を示すよう指示することができます。また画像を生成することができます。ここで使われているのはDALL·E 3という画像生成AIです。

▶URLへのアクセス

ChatGPTは基本的には学習時点までの情報しか持ち合わせていません。ChatGPT PlusではBing検索などを併用して最新の情報に基づいて回答できるようになりました。

▶GPT Builder

GPT Builderは自分のオリジナルのChatGPTを作成し、これを他のユーザーにも利用してもらえるように公開できるサービスです（ただし2024年5月時点では利用する他のユーザーもChatGPT Plusを契約している必要があります）。先ほど、無料版のChatGPTで「カスタム指示」を指定すると、ChatGPTの回答を調整することができることを紹介しました。GPT Builderは、このカスタマイズしたChatGPTを第三者にも利用できるようにする機能です。この際、プログラミング言語の知識は不要です。

また、ユーザーが独自に用意したドキュメントなどをアップロードすることで、ChatGPTがそのドキュメントを参照して回答を作成できるようになります（RAGといいますが、後で詳しく説明します）。

さらに、他のユーザーが作成したGPTを利用することもできます。たとえば、データ分析を実行できるDataAnalysisというGPTがOpenAI社によって作成され公開されています。Excelファイルを与えると、データを要約したりグラフを作成させたりできます。OpenAI社には、ユーザーそれぞれが作成したオリジナルのGPTを公開できるGPT Storesがあります。多くのユーザーに利用されるようになったGPTには、報奨金が支払われる予定だそうです。

▐▐▐ GPTs

　ChatGPT Plus に加入すると、GPTsというサービスの利用が可能になります。これは一種の開発環境です。ログインすると左上に「GPTを探索する」という項目があります（2024年5月時点）。これをクリックすると、「GPTs」という画面が表示され、右上に「GPTを作成する」というボタンがあります。

　ここから自分独自のChatGPTを作成することができます。ChatGPTをカスタマイズできるわけです。作成ボタンをクリックすると、左に「Create」と「Configure」というタブがあります（環境によっては「作成する」や「構成」と表示される場合もあります）。

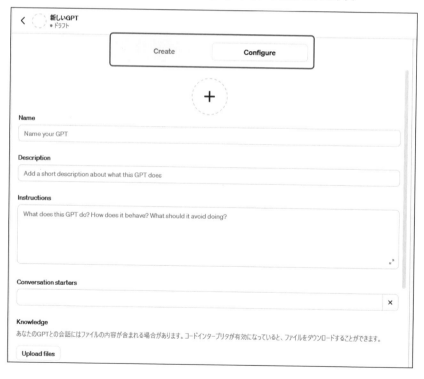

「Create」タブでは下にメッセージを入力することで、自分が欲しい会話機能をChatGPTに要望できます。

入力するとChatGPTが返信し、以降、ChatGPTとやり取りしながらカスタマイズができます。また、この過程で、ChatGPTが独自アイコンをデザインして提案してきます。

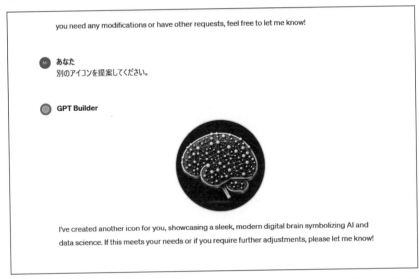

「Configure」タブでは、独自GPTが返答するスタイルを指定できます。単純な例を挙げると、GPTの返答で必ず語尾に「でござる」を付けるように指定できます。

また、「Knowledge」(知識)という項目があります。これはChatGPTが持たない情報を含むファイルをアップロードする機能です。たとえば自分の日記、会社の資料などをアップロードすることで、ChatGPTがこれらの資料に基づいた返答を返してくれるようになります。

本書の後半でもう少し詳しく説明しますが、これは一般にRAGといわれる機能です。

RAGはRetrieval-Augmented Generationの略です。RAGという仕組みによって、ChatGPTが外部の情報を取得し、適切な回答を判断できるようになります。

「Configure」タブの下には、さらに「Capabilities」（機能）という項目があり、「Web Browsing」（ウェブ参照）、「DALL-E Image Generation」（DALL・E画像生成）、「Code Intepreter&Data Analysis」の3つのチェックボックスがあります（2024年6月現在）。

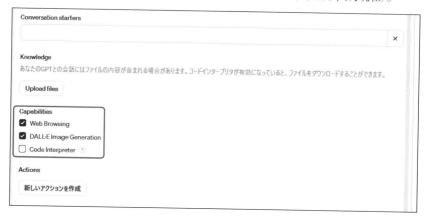

「Web Browsing」はChatGPTにインターネット検索を行わせ、最新の情報を取得するための指定、「DALL-E Image Generation」は画像を生成させる機能、「Code Intepreter&Data Analysis」は計算したりデータを要約したりする機能です。

さらに下にある「Actions」（アクション）は、天気予報などの外部サービスにChatGPTをアクセスさせるための設定です。ここにはPythonなどで機能を追加します。

「新しいアクションを作成（する）」ボタンをクリックすると、APIを通じて、外部サービスからデータを取得し、その結果に基づいてChatGPTに回答をさせられるようにできます。APIについては、この後に説明します。

こうして作成した独自GPTは自分で使い続けることもできますし、URLを公開することで、知人などにも使ってもらうことができます。さらに、一般公開というオプションもあります。ただし、2024年5月の時点では、利用する側もChatGPT Plusに加入している必要があります。

OpenAI APIサービス

OpenAIのChatGPTはブラウザないしアプリで利用できるサービスですが、他にAPIという形で利用することができます。

API（Application Programming Interface）は、サーバーとアプリ、あるいは異なるソフトウェア間でデータをやり取りするための仕様のことです。APIを使用することで、アプリやWebサイトが互いに連携し、機能を共有できます。たとえば、自分のブログで現在の天気を表示したいとします。毎日、手作業で天気欄を更新するのは手間です。そこで、外部の天気予報・現況提供サービスを、API経由で利用し、取得したデータを使ってブログの天気欄を更新します。X（旧Twitter）への投稿も同じように、Xが提供するAPIを通じてブログに表示させることができます。

OpenAI社のポータル（https://platform.openai.com/）に入ると、そこが開発用のポータルになります。無料のアカウントでも利用できます。

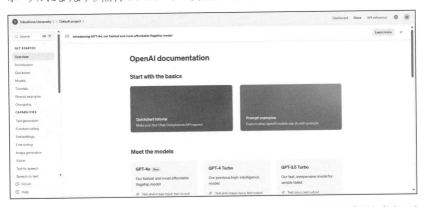

ポータルのデザインは頻繁に変わるので以下の説明では、大まかな手順と考えてください。まず右上に「Dashboard」というボタンがあるので、これをクリックします。するとPlaygroundにアクセスできます。

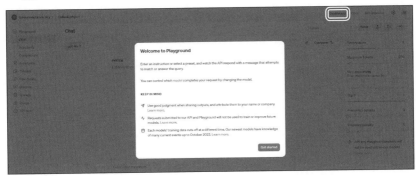

　基本的には、有料版のChatGPT GPTsと同じようにChatGPTのカスタマイズができます。APIで開発ないしカスタマイズを行うためにChatGPT Plusに加入している必要はありません。ただし、APIは従量課金制です。利用した分がクレジットカードから課金されます。ChatGPT Plusで定額の課金をしていたとしても、API料金は別に利用した分を追加で払わなければなりません。なお、ChatGPT Plusに登録していなくとも、APIでは一定の条件を満たせば、最新で高性能なGPT-4を利用することができます（2024年現在、GPT-4を利用するには1ドル以上、OpenAI APIに支出していることが条件となります）。OpenAI APIについては、CHAPTER 04で説明します。

Microsoft Azure

ソフトウェアやサーバーに関連する業界では、IaaS、PaaS、SaaSという言葉が使われ
ています。IaaS（Infrastructure as a Service）、PaaS（Platform as a Service）、お
よびSaaS（Software as a Service）はクラウドコンピューティングの3つの主要なサービス
モデルです。これらのサービスは、ユーザーが物理的なハードウェアを所有、運用するこ
となく、インターネット経由でリソースを利用できるようにしてくれます。

	定義	例	特徴
IaaS	仮想化という仕組みで構築されたサーバーをインターネット経由で提供する。ユーザーは、仮想マシンやストレージなどのインフラストラクチャをオンデマンドで利用できる	Amazon Web Services（AWS）、Microsoft Azure、Google Cloud	ユーザーはサーバーを自由に設定でき、また必要に応じてリソースを拡張するなどの調整ができる。ただし、仮想マシンの設定やネットワークの管理など、より多くの技術的な管理が必要になる
PaaS	アプリケーション開発のためのプラットフォームと環境を提供する。開発者は、コードを書き、アプリケーションを設置するのに必要な環境を利用できる	Google App Engine、Microsoft Azure	開発者はアプリケーションの開発に集中でき、サーバーやネットワークの管理については心配する必要がない
SaaS	ソフトウェアをオンラインサービスとして提供し、ユーザーはブラウザ経由でアクセスする	Google Workspace、Salesforce、Microsoft Office 365	ユーザーはソフトウェアのインストールやメンテナンスを心配する必要がなく、アプリケーションを直接使用できる

ここで紹介するMicrosoft Azureは、これら3つのサービスを提供しており、実務分野
で広く使われています。本書では一部でAzureの利用方法を紹介しています。これは、
MicrosoftがOpenAI社と提携しており、OpenAI社のGPT-4などのリソースを利用する
ことができるからです。OpenAI社の提供する開発リソースをAzureを通して利用するこ
とにはメリットがあります。先ほど、ChatGPTのGPTsで独自ChatGPTを作成し、公開す
ることができると説明しました。GPTsでは、公開範囲は本人あるいはURLを知っている
知人、あるいはすべてのChatGPT Plusユーザーになります。しかし、企業で開発した
GPTを、事実上誰でもアクセスできるような形式で公開することはできない場合も多いで
しょう。Azureで構築した場合、アクセス可能な範囲を、たとえば会社のアカウントでログ
インできる人に限るなど、細かく指定することが可能になります。

なお、Azureに用意されているAI開発環境はチャットに限りません。他にも物体を判
定する（画像や動画に何が映っているかを判別する）Webアプリをノーコード（プログラミ
ングなし）で開発することもできます。たとえば、Azure Custom Visionというサービスが
あります。

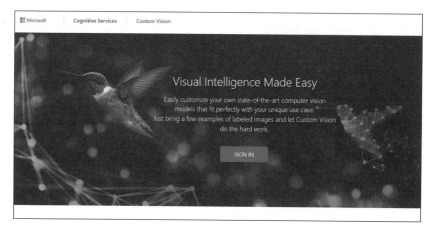

仮に部品を製造する工場があり、製品が規格通りにできているか、規格を満たしていないか（不良品）を、その形状で判別したいとします。これは画像認識、あるいは異常検知というタスクになります。

この場合、まず正常品と不良品それぞれの画像を収集します。多ければ多いほどよいでしょう（ただし、画像の種類や状態など、質に関する考慮も必要です）。用意できたら、Custom Visionにアクセスし、新規プロジェクトを作成します。このプロジェクトに、まず正常品また不良品それぞれの画像をアップロードします。マウスでフォルダを指定すると、すべての画像を一度にアップロードできます。そして正常品のフォルダであれば「good」など（任意の）タグを割り当てます。不良品のフォルダには「bad」などのタグを割り当てます。

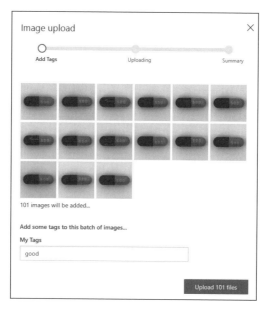

後は、Azure Custom Visionにアップロードした画像を学習させるだけです。ポータルに「Train（学習）」というボタンがあります。AIに何かを見分ける（判別する）能力を学習させるためには、正解（つまり正常品か不良品か）がわかっているデータを大量に与えて学習させます。この際、過学習という現象が起こりがちです。過学習とは、与えられたデータの範囲では正常品と不良品を見分けられるが、新しい画像を判別しようとすると、AIが誤判別を起こしてしまう現象です。たとえば、製品の傷などが、学習用の不良品データではたまたま右上にあったとします。すると、AIは不良品とは右上の傷があるものと学習してしまい、左下に傷がある製品は正常品と判断してしまうかもしれません。

画像用のAIの場合、学習データの偏りによる過学習を軽減する方法として、データ拡張（Data Augmentation）という手法が使われます。これは、手元の画像を反転させるなどして、偏りを是正しようとする方法です。ただし、これはユーザーの側で行うにはいささか手間がかかります。Custom VisionのTrainingは、このデータ拡張を自動的に実行してくれます。

さらにAzureは、Custom Visionで学習したモデルに自動的にAPIを用意してくれます。つまりAzure上に作成したAIモデルに、会社のサーバーから、あるいは会社で作成したアプリからアクセスすることができます。AzureはAIを開発するプラットフォームを提供すると同時に、それをアプリなどに組み込む手段も用意してくれます。また、先にも述べた通り、AIにアクセスできる範囲を細かく指定することもできます。他に、アップロードした画像類は、専用のストレージに保存することで、別のAI開発に使いまわす手段も用意されています。これらはAIを実務で利用するための手続きをスピードアップしてくれるでしょう。

ただし、こうしたメリットは、個人ベースで開発を行う場合はデメリットにもなりえます。たとえば、アクセス管理にはAI開発とは別の知識が求められます。Azureのユーザー管理は、個人で扱うにはいささか高機能です。また、Azureで開発したAIを継続的に利用すると、相応に課金が発生し、気が付くとかなりの高額を支払うことにもなりかねないので、注意が必要です。

Azure Custom Vision については第5章で実際に操作する方法を紹介します。

SECTION-009

データの学習について

　前節のAzureのサービスの概要紹介で、データを学習するということを指摘しました。「学習」について、ここで詳しく説明します。

　AIや機械学習は、データの中にある特徴やパターンを学習します。この学習結果に基づいて判別や予測を行います。一般にAIの学習には大きく2つの種類があります。「教師あり学習」と「教師なし学習」です。

||| 教師あり学習（Supervised Learning）

　たとえば、あなたがクイズゲームの出場者で、さまざまな質問に答える必要があるとします。ところが、幸いにも、あなたの隣には専門家がいて、質問ごとに正しい答えを教えてくれます。一度あるいは数回専門家の回答を聞いていれば、その後、あなたは同じような質問に自分で答えることができます。これが「教師あり学習」のアイデアです。コンピュータやAIが学習をする際に、正しい答え（ラベルといいます）がすでに提供されています。AIはこれらの例（質問と答えのペア）で学習を行い、その知識を使って新しい質問に答えられるようになります。

||| 教師なし学習（Unsupervised Learning）

　次に、あなたはゲームの課題として、ある部屋に案内され、その部屋に散乱しているおもちゃを種類ごと片付けるようにいわれます。今度は、おもちゃの専門家がそばにいるわけではありません。そこであなたは、自分でおもちゃを見て、似ているもの同士をグループに分ける作業を始めます。たとえば、車のおもちゃを1箇所に、ブロックを別の場所に、ぬいぐるみをまた別の場所にといった具合に分けてみます。あなたは、誰からも指示されていないけれど、自分でパターンを見つけておもちゃを整理するわけです。

　これが教師なし学習です。コンピュータやAIは、正解やラベルが何もないデータを見て、自分でパターンや関係性を見つけ出します。あるいは、データそれぞれの中に隠れている構造を発見したりします。誰も「これはこういうグループだ」と教えてくれないので、AIが自分で学習していくのです。この方法では、新しい発見がなされたり、データについて深い理解を得ることができたりします。教師なし学習は、データの自然な構造を理解するのに役立つのです。

過学習（Overfitting）

学習のために使えるデータは多ければ多いほどよいのですが、もちろん質も重要です。いまのAIはビッグデータの蓄積と、こうしたデータを処理できるコンピュータの性能向上によって発展してきました。データを学習したAIを**モデル**ともいいます。

しかしながら、AIが多くのデータを使って学習したとしても、モデルはミスを犯すことが多々あります。それは過学習というAIの性能を落とす、あるいは限定してしまう罠があるからです。

再び、あなたがクイズゲームで同じ質問ばかり何度も練習したとします。そして、それらの質問には完璧に答えられるようになりましたが、新しい質問や少し違う質問が出されたときに間違った回答ばかりを出すようになりました。たとえば、犬と猫を識別させる課題で、犬の写真としてたまたま白と黒、茶色の犬のデータばかりが用意されていた場合、灰色の毛並みの犬を正しく犬とは判断できない可能性があります。犬の特徴として、毛色が白か黒、茶色と学習してしまっているのです。

これが過学習です。AIが、与えられた範囲の学習データに完璧に適合しすぎてしまい、新しいデータや異なるデータに対してはうまく機能しない状態を指します。AIは、練習した問題の答えを覚えてしまいますが、それ以外の問題には適応できません。目標は、AIが新しい状況にもうまく対応できるように、バランスのとれた学習をさせることです。過学習を避けるためにはいくつかの方法があります。その1つがクロスバリデーションです。

クロスバリデーション

クロスバリデーションでは、手元のデータを分割し、一部のデータのみでAIを学習させます。せっかくのデータをすべて使わないというのは不思議に思われるかもしれません。実際、データを減らすことで、AIの学習はやや劣ってしまうことになります。もしも、手元のデータの量が膨大で、個別事例のすべてを例外なく網羅しているようなら、これをすべて学習させても過学習は生じないでしょう。しかしながら、一般にAIに与えることのできるデータのバラエティーは限られています。また、将来の予想を目的とするタスクでは、当然ながら学習に使えるデータは現在までに限定されています。AIモデルを利用する目的の多くは、未来の（未知の）データを正しく識別することです。

そこで、学習モデルが未知のデータをどれだけ正しく判別できるかを知ることが重要になります。この対策として、最もシンプルなアイデアが手元のデータを学習用と検証用の2つに分けることです。ちなみに学習に使うデータを**訓練データ**、性能検証に使うデータを**テストデータ**ともいいます。これを**ホールドアウト法**といいます。ホールドアウト法を拡張した方法にクロスバリデーションがあり、AI分野ではよく使われています。

クロスバリデーションではデータセットを複数の部分に分割し、一部のデータで学習したモデルを使って、残りのデータでモデルの性能を調べます。このプロセスを分割したデータすべてに適用し、その平均的性能でモデルの性能を評価します。こうすることで、このモデルが、未知のデータに対してどれくらい予測力があるかを検証することができます。クロスバリデーションには大きく2つのバリエーションがあります。

▶ K-分割クロスバリデーション(K-fold Cross-Validation)

データセットをK個の等しい(またはほぼ等しい)サイズの部分集合(フォールド)に分割します。

それぞれのフォールドを1度ずつテストセットとして使用し、残りのK-1個のフォールドを訓練セットとして使用します。

このプロセスをK回繰り返し、各回で異なるフォールドをテストセットとして使用します。

最後に、K回のテストの結果を平均して、モデルの全体的な性能を評価します。

▶ リーブワンアウトクロスバリデーション(Leave-One-Out Cross-Validation)

これはK-分割クロスバリデーションの特別なケースで、Kがデータセットのサンプル数と同じです。つまり、各サンプルを1度ずつテストセットとして使用し、残りのすべてのサンプルでモデルを訓練します。

ただし、これは非常に時間がかかるプロセスであるため、大きなデータセットでは非効率的となりますが、小さなデータセットでは有効な選択肢となります。

クロスバリデーションのメリット

クロスバリデーションのメリットとして次の3点が挙げられます。

▶ ロバストな性能評価

各サンプルがテストセットとして使用されるため、モデルの性能評価がより信頼性があります。

▶ 過学習の防止

データの異なる部分を使用してモデルを複数回評価することで、特定のデータセットに過剰に適合(過学習)したモデルを実務で使ってしまうことを防ぎます。

▶ データ利用の最大化

データをトレーニングセットとテストセットに分割する通常のアプローチとは異なり、クロスバリデーションではすべてのデータが訓練と評価の両方に使用されます。

クロスバリデーションのデメリット

一方、デメリットもあります。クロスバリデーションは強力な手法ですが、時間と計算リソースを多く消費することがあります。特に、K-分割クロスバリデーションでKの値が大きい場合、全体の学習プロセスに非常に時間を要することがあります。そのため、実際の運用では、リソースと評価の必要性を考慮して最適なKの値を選択する必要があります。

Google ColaboratoryによるAI応用

　ここまで理屈の多い説明になりました。そこで、実際に手を動かし、データを学習するという作業を体験してみましょう。ここで使うツールはPythonとGoogle Colaboratoryです。

　Google Colaboratoryはブラウザで利用できるプログラミング開発環境です。IDE（Integrated Development Environment／統合開発環境）ともいいます。必要なのはブラウザだけなので、すぐに利用できます。Google ColaboratoryについてはAPPENDIXで説明しているので、参照してください。ここでは、データを学習するというのが、どういう作業の流れになるかを実感していただくことが目的なので、細かい説明はCHAPTER 03に回します。

　今回は、筆者があらかじめ用意したノートブックを使いましょう。下記のURLにアクセスすることで筆者の用意したひな型にアクセスでき、また利用できるようになります。

- Google Colab ノートブック 第2章MINST.ipynb
- `URL` https://colab.research.google.com/drive/
1W1D7DOV9UymHLwgPR1HF3KfBtib5PkHO?usp=sharing

　本書のサポートサイトにリンクが張ってあるので、そちらからアクセスしてください（サポートサイトについては5ページを参照してください）。

▐▐ Pythonについて

　Google ColaboratoryではPythonというプログラミング言語で操作を行います。Pythonは、データサイエンスとAI分野で非常に人気のある言語です。その理由として、拡張性に富んでいることがあげられます。ライブラリという追加機能を導入することで、さまざまなAIタスクを簡単に実現できるようになるからです。ここで簡単にAIプログラミングを体験してみましょう。

　MNISTというデータセットがあります。手書きの数字が書かれた画像データと、その画像に書かれた実際の数字を表すラベルがペアになったデータです。

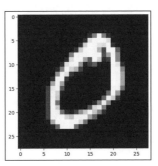

ここでMNISTデータの画像をAIで学習させ、その画像に描かれている数値（正解ラベル）を予測させてみましょう。次の手順で作業を進めます。

1 データを読み込む。

2 データを確認する。

3 分析方針を確認する。

4 訓練データとテストデータに分ける。

5 訓練データで分析を行う。

6 分析結果の精度をテストデータで確認する。

なお、ここでは分析を行うためにKerasというライブラリを使います。Kerasはデータを
AIに学習させるためによく使われる人気のライブラリです。Keras、あるいはディープラーニングについて、よく詳しくは本書のCHAPTER 06で解説しています。

ここでの目標は、データを「学習」するという流れを知ることです。KerasにはMNIST
データをダウンロードする機能が備わっています。早速、試してみましょう。

||| MNISTデータ

MNISTデータには、学習用のデータとして6万枚の画像、検証用として1万枚の画像
があります。

まずはMNISTデータをプログラムから読み込みます。

```
(X_train, y_train), (X_test, y_test) = mnist.load_data()
```

上記の命令では、データをダウンロードすると同時に、学習用 **train** とテスト用 **test**
に分けています。

また、画像本体を **X_** で始まる名前とし、その画像のラベル（正解の数字）を **y_** で
始まる名前にしています。ちなみに、ここで学習に使うデータ（インプット）を表すのに **X** が
大文字、そのラベル（アウトプット）を小文字の **y** にするのは、AIの数式説明でこれらの
アルファベットがよく使われるからです。少し難しくなりますが、ここでMINST手書き画像
データそれぞれについて、紐付けられている数値ラベルを推定するAIモデルを数式で
表すと次のようになります。

$$\mathbf{z} = \mathbf{WX} + \mathbf{b}$$

ディープラーニングで手書き数字を処理する際の基本的な数式は、入力層、隠れ層、
出力層の組み合わせで表されます。すなわち、入力 $\mathbf{X}$ に対して、重み行列 $\mathbf{W}$ を乗じ、
バイアスベクトル $\mathbf{b}$ を加算するという処理です。この数式で重み行列 $\mathbf{W}$ と、バイアスベクトル $\mathbf{b}$ を**パラメータ**といい、ディープラーニングが学習する過程で、その値を推定します。
行列とあるように、推定されるパラメータの数は1つではありません。

　ここで紹介している単純なディープラーニングで、パラメータの数は入力画像のセル数（28掛ける28で784個）に出力の10個を乗じた7850個になります。さらに10個のバイアスベクトルが推定されます。パラメータ数は、AIモデルを複雑にすればするほど増えていきます。

　データの形状を確認してみます。 .shape を後ろに付けると、そのデータの縦横サイズ、つまりは行数と列数を確認できます。

```
print(f"X_train(学習用の画像データのサイズ) : {X_train.shape}")
print(f"y_train(学習データの正解ラベルのサイズ) : {y_train.shape}")
print(f"X_test(検証用の画像データのサイズ) : {X_test.shape}")
print(f"y_test(検証データの正解ラベルのサイズ) : {y_test.shape}")
```

```
X_train(学習用の画像データのサイズ) : (60000, 28, 28)
y_train(学習データの正解ラベルのサイズ) : (60000,)
X_test(検証用の画像データのサイズ) : (10000, 28, 28)
y_test(検証データの正解ラベルのサイズ) : (10000,)
```

　画像データのサイズの28というのは、縦横のサイズになります。つまり (60000, 28, 28) であれば、28行28列の画像が6万枚あるということにあります。一方、ラベルのサイズが枚数のみで、カンマの後が空白になっているのは、1列だけのデータだからです。

　試しに1枚を表示させてみましょう。 X_test の最初の1枚を表示させてみます。

```
import matplotlib.pyplot as plt
image = X_test[0]

# plot the sample
fig = plt.figure
plt.imshow(image, cmap='gray')
plt.show()
```

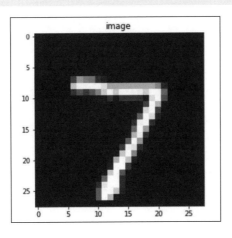

この画像は7とわかりやすいですが、他には1と判別しにくいような画像も用意されています。ちなみに画像データは28行28列なので、これをExcelで開くとすると次のようになります。

#	A	B	C	D	E	F	G	H	I	J	K	L	M	N	O	P	Q	R	S	T	U	V	W	X	Y	Z	AA	AB
1	0	0	0	0	0	0	0	0	0	0	0	0	0	0	0	0	0	0	0	0	0	0	0	0	0	0	0	0
2	0	0	0	0	0	0	0	0	0	0	0	0	0	0	0	0	0	0	0	0	0	0	0	0	0	0	0	0
3	0	0	0	0	0	0	0	0	0	0	0	0	0	0	0	0	0	0	0	0	0	0	0	0	0	0	0	0
4	0	0	0	0	0	0	0	0	0	0	0	0	0	0	0	0	0	0	0	0	0	0	0	0	0	0	0	0
5	0	0	0	0	0	0	0	0	0	0	0	0	0	0	0	0	0	0	0	0	0	0	0	0	0	0	0	0
6	0	0	0	0	0	0	0	0	0	0	0	0	0	0	0	0	0	0	0	0	0	0	0	0	0	0	0	0
7	0	0	0	0	0	0	0	0	0	0	0	0	0	0	0	0	0	0	0	0	0	0	0	0	0	0	0	0
8	0	0	0	0	0	0	0	84	185	159	151	60	36	0	0	0	0	0	0	0	0	0	0	0	0	0	0	0
9	0	0	0	0	0	0	222	254	254	254	254	241	198	198	198	198	198	198	198	198	170	52	0	0	0	0	0	0
10	0	0	0	0	0	0	67	114	72	114	163	227	254	225	254	254	254	250	229	254	254	140	0	0	0	0	0	0
11	0	0	0	0	0	0	0	0	0	0	0	17	66	14	67	67	67	59	21	236	254	106	0	0	0	0	0	0
12	0	0	0	0	0	0	0	0	0	0	0	0	0	0	0	0	0	0	83	253	209	18	0	0	0	0	0	0
13	0	0	0	0	0	0	0	0	0	0	0	0	0	0	0	0	0	22	233	255	83	0	0	0	0	0	0	0
14	0	0	0	0	0	0	0	0	0	0	0	0	0	0	0	0	129	254	238	44	0	0	0	0	0	0	0	0
15	0	0	0	0	0	0	0	0	0	0	0	0	0	0	0	0	59	249	254	62	0	0	0	0	0	0	0	0
16	0	0	0	0	0	0	0	0	0	0	0	0	0	0	0	0	133	254	187	5	0	0	0	0	0	0	0	0
17	0	0	0	0	0	0	0	0	0	0	0	0	0	0	0	0	9	205	248	58	0	0	0	0	0	0	0	0
18	0	0	0	0	0	0	0	0	0	0	0	0	0	0	0	0	126	254	182	0	0	0	0	0	0	0	0	0
19	0	0	0	0	0	0	0	0	0	0	0	0	0	0	0	75	251	240	57	0	0	0	0	0	0	0	0	0
20	0	0	0	0	0	0	0	0	0	0	0	0	0	0	19	221	254	166	0	0	0	0	0	0	0	0	0	0
21	0	0	0	0	0	0	0	0	0	0	0	0	0	3	203	254	219	35	0	0	0	0	0	0	0	0	0	0
22	0	0	0	0	0	0	0	0	0	0	0	0	0	0	38	254	254	77	0	0	0	0	0	0	0	0	0	0
23	0	0	0	0	0	0	0	0	0	0	0	0	0	31	224	254	115	1	0	0	0	0	0	0	0	0	0	0
24	0	0	0	0	0	0	0	0	0	0	0	0	0	0	133	254	254	52	0	0	0	0	0	0	0	0	0	0
25	0	0	0	0	0	0	0	0	0	0	0	0	0	61	242	254	254	52	0	0	0	0	0	0	0	0	0	0
26	0	0	0	0	0	0	0	0	0	0	0	0	0	121	254	254	219	40	0	0	0	0	0	0	0	0	0	0
27	0	0	0	0	0	0	0	0	0	0	0	0	0	121	254	207	18	0	0	0	0	0	0	0	0	0	0	0
28	0	0	0	0	0	0	0	0	0	0	0	0	0	0	0	0	0	0	0	0	0	0	0	0	0	0	0	0
29																												
30																												
31																												

各セルに0から255までの数値が入っています。これは白黒画像の濃淡を表しています。0だと真っ黒で、255だと白です。この中間の数値だとグレーになるわけです。

さて、この28行28列からなる正方形のデータですが、まず横1行に並べてしまいます。Python言語でいえば reshape します。さらに0から255の数値を0から1の範囲に直します。数値をAI(コンピュータ)で計算しやすくなるからです。まず各画像データを1行にまとめ直して、上書きします。

```
X_train  = X_train.reshape(60000, 784)
X_test   = X_test.reshape(10000, 784)
print("X_train.shape(学習用の画像データ) : ", X_train.shape)
print("y_train_shape(学習用の正解データ) : ", y_train.shape)
print("X_test.shape(検証用の画像データ) : ", X_test.shape)
print("y_test.shape(検証用の正解データ) : ", y_test.shape)
```

```
X_train.shape(学習用の画像データ) :  (60000, 784)
y_train_shape(学習用の正解データ) :  (60000,)
X_test.shape(検証用の画像データ) :  (10000, 784)
y_test.shape(検証用の正解データ) :  (10000,)
```

　次に値をfloatというタイプにしていますが、これは平たくいうと小数点を含む数値のことです。この数値を255で割って上書きすれば、0から1.0の範囲に収まります。

```
X_train = X_train.astype('float32')
X_test  = X_test.astype('float32')
# 0-255 のデータを 0-1 の範囲に変換
X_train /= 255
X_test  /= 255
```

　正解ラベルのほうも加工します。ここでAIに描かれている数値を予測する場合、ピンポイントで1つに絞り込むのではなく、0から9までそれぞれの候補について、確率を予想させます。そこで、1であれば [0, 1, 0, 0, 0, 0, 0, 0, 0, 0]、5であれば [0, 0, 0, 0, 0, 1, 0, 0, 0, 0] という風に、該当する数字の位置だけ 1 として、残り9個は 0 としたリストに変換します。ちなみに、このようなデータ表現をone-hotエンコーディング（encoding）といいます。AI分野ではよく使われるデータの変換方法です。カテゴリ化ともいいます。Kerasの機能を使います。

```
y_train = keras.utils.to_categorical(y_train, 10)
y_test  = keras.utils.to_categorical(y_test, 10)
```

　さて、これでデータの準備が終わりました。次に、学習データをAIに与え、その結果を使ってテストデータのラベルを予測します。テストデータにもラベル（回答）はありますが、予測を行う際にはラベルを参照しません。AIは、学習データ（画像）とそのラベル（描かれている数字）の対応を学習します。続いて、その学習結果を使って、学習には使っていないデータ、つまりテストデータの画像から、描かれている数字を予測するわけです。テストデータには回答のラベルがあるので、AIの予測結果（精度）を評価できるわけです。

　学習では、AIは与えられた画像からラベルを予測し、それが答えと一致してるかどうかを調べ、一致していない場合、もう一度学習し直すことを繰り返します。学習ステップは、ディープラーニングとして知られるアルゴリズムで行われます。ディープラーニングについてはCHAPTER 06で詳しく説明します。

```
model = Sequential()
model.add(InputLayer(input_shape=(784,)))
model.add(Dense(10, activation='softmax'))
model.compile(loss='categorical_crossentropy', optimizer='rmsprop',
metrics=['accuracy'])
```

　はじめに学習内容を保存するモデルを用意します。Sequential は、ここでは入力から出力へと処理が進むことを表していると考えてください。

　次にモデルに入力を加えます。入力データの次元（28行28列を1行にまとめた784の数値であること）を指定します。

　3行目は、入力された画像のラベルが10種類あることを表しています。 softmax という指定は、画像ごとに各ラベル（数字）の推定確率を求めるという指示です。

　最後の4行目で学習の方法を指定しています。学習は入力と出力が一致するよう、繰り返し調整していきますが、その方法を指定しています。

　ディープラーニングの構成を設定したので、実際に学習させます。また、最終的な精度を調べるため、テストデータについても validation_data として指定します。

```
history = model.fit(X_train, y_train, batch_size=128, epochs=20, verbose=1,
validation_data=(X_test, y_test))
```

　batch_size というのは、1度に読み込む画像の数になります。学習データは6万枚あるわけですが、一度に全部学習するのではなく、128枚ずつ学習するわけです。全部の学習が終わると、その時点での精度（ラベルを正解した割合）が accuracy として表示されます。この処理を繰り返し、精度を改善していくのですが、その繰り返し回数を epoch で 20 としています。

　batch_size も epoch も、AIの予測精度を上げるためには重要な指定です。これらの指定をハイパーパラメータといいます。先に紹介したパラメータは、予測（ここでは0から9の数値ラベル）に直接影響を与えますが、ハイパーパラメータは、パラメータをうまく推定するための調整であり、これはユーザーが指定する必要があります。ハイパーパラメータの設定は、ケースバイケースとなり、試行錯誤が必要となります。学習がうまくいっているか、学習のたびに精度が向上しているかを確認することが重要です。

　実行すると、しばらく左の再生アイコンが回りっぱなしになり、停止するまで、下にメッセージが表示されていきます。 loss というのは学習を終えた時点での「損失」です。要するに、どれだけ回答を間違えたかを表しており、小さいほどよいことになります。val_loss は、学習結果を使ってテストデータを予測させた場合の損失です。小さいほどラベルを正しく予測できたと解釈できます。

　学習がうまくいったかどうかを確認する手段の1つとして、次のような図を作成してみます。縦軸には loss の値を、横軸に繰り返し回数 epoch （ここでは20回学習させている）をとることで、学習が進むにつれて loss と val_loss が減少しているかを確認します。

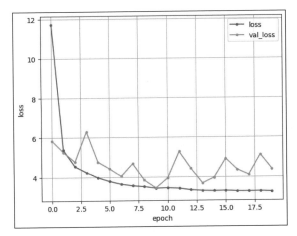

次の命令を実行することで、グラフが作成されます。

```
val_loss = history.history['val_loss']

nb_epoch = len(loss)
plt.plot(range(nb_epoch), loss,      marker='.', label='loss')
plt.plot(range(nb_epoch), val_loss, marker='.', label='val_loss')
plt.legend(loc='best', fontsize=10)
plt.grid()
plt.xlabel('epoch')
plt.ylabel('loss')
plt.show()
```

グラフからは、学習が進むにつれて **loss** の値が徐々に下がり、学習が順調に行われているように見えます。ただ **val_loss** のほうは、6回目以降は下がったり、上がったりの繰り返しで、テストデータについては精度の改善がこれ以上期待できそうにないと判断されます。

結局、テストデータに対してどれくらいの精度の予測ができたのかを確認してみましょう。

```
score = model.evaluate(X_test, y_test, verbose=1)
print(f'テストデータ :loss: {score[0]}')
print(f'テストデータ :Test accuracy: {score[1]}')
```

```
313/313 [==============================] - 1s 2ms/step - loss: 59.2296 -
accuracy: 0.9013
テストデータ :loss: 59.22964859008789
テストデータ :Test accuracy: 0.9013000130653381
```

　ここに掲載する出力は、読者が自身で実行した結果と完全には一致しないかもしれません が、おおむね等しいはずです。テストデータで9割に回答できていることになります。9 割が高いのか低いのかは、導入を予定している実務の性質によるでしょうが、一般には 比較的良い精度といえると思います。

　以上、この節では、データを学習データとテストデータに分け、前者で学習し、後者で AIが実務に使えるかどうかを確認するという手順について概観しました。

CHAPTER 03

AIを
カスタマイズする

本章で利用する環境について

CHAPTER 02で紹介したように、Microsoft AzureではノーコードでAIを開発あるいは応用する手段が提供されています。また、Azure上でAIを開発すると自動的にAPIという仕組みが用意されます。ただし、このAPIを使って実務に使える環境を用意するには、Webサイトを構築するなり、アプリケーションを作成する必要があります。前者であればHTMLやJavaScriptに関する知識と技術が必要となり、後者であればPythonないしC#などのプログラミング言語の知識が必要になります。

本書ではPythonを使い、ある程度コードを書くことでAIを応用する方法を解説します。自分のパソコンで実用的なPythonプログラムを作成する場合、まずPythonのインストールから必要となりますが、本章ではインターネット上で利用できるPython開発環境を使うこととします。この場合、ブラウザさえあれば、AI開発を行うことができます。なお、本書のCHAPTER 06では、自分のパソコンにPythonをインストールして、画像認識AIモデルを構築する方法を解説しています。

本章で利用するのは、すでにCHAPTER 02でも紹介していますが、Google ColaboratoryというGoogleが提供しているクラウド環境になります。利用するにはGoogleのアカウントが必要になります。ログインして利用する場合、デフォルトでは無料の利用に設定されています。この場合、Google Colaboratoryのリソース（連続稼働時間やGPUの性能）のうち、一部が利用可能です。使えるリソースの性能、あるいは自由度を上げるにはColaboratory ProあるいはEnterpriseという有料版にアップグレードすることになります。ただし、無料版でも本書で説明する範囲では十分な機能があります。Google Colaboratoryの使い方については、巻末のAPPENDIXにまとめています。適宜、参照してください。

プログラミング言語とは

　プログラミング言語とは、簡単にいうと、コンピュータに直接命令をするための言葉です。たとえば、Windowsユーザーが、作成済みのファイルの名前を変更する場合を考えてください。多くの方は、ファイル名の部分をクリックしてハイライトして入力するか、あるいはファイルを右クリックし、「名前の変更」ボタンを押して変更しているのではないでしょうか。

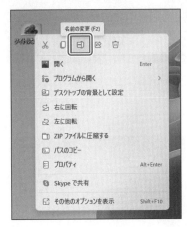

　このファイル名変更操作を、プログラミング言語で行ってみましょう。Windowsの「すべてのアプリ」から「Windowsツール」を開き、Windows PowerShellを起動します。

　黒いウィンドウが開きます。PowerShellはフォルダを移動することができます。いま筆者はEドライブの `temp` というフォルダで作業します。ここに `test.txt` というファイルがあります。このファイルの名前を `newname.txt` に変更します。PowerShellのカーソルが点滅しているところで `Rename-Item` と入力し、最初に現在のファイル名、半角スペースを挟んで新しいファイル名を指定して、Enterキーを押します。

01
02
03
AⅠをカスタマイズする
04
05
06
A

　すると、ファイル名が変更されているのが確認できます。これはWindows 11の
PowerShellがサポートするプログラミング言語（シェルという仕組みで動きます）を使って
コンピュータに命令を送った事例になります。

　とても面倒そうに思えます。ただ、このほうが便利なこともあります。たとえば、100個あ
るファイルの名前をまとめて変更したいという場合があるとします。マウスで100個分右ク
リックを行うのは非常に面倒です。ところが、プログラミング言語でこれを実行するのは
一瞬です。下記にファイルが10個の例を示しますが、1000個でも1万個でも同じです。

```
Windows PowerShell          ×    +  ∨
-a----        2024/03/27       15:21              0 template4.txt
-a----        2024/03/27       15:21              0 template5.txt
-a----        2024/03/27       15:21              0 template6.txt
-a----        2024/03/27       15:21              0 template7.txt
-a----        2024/03/27       15:21              0 template8.txt
-a----        2024/03/27       15:21              0 template9.txt

PS E:\tmp\template> 1..10 | ForEach-Object { Rename-Item -Path "template$_.txt" -NewName "DOC$_.txt" }
PS E:\tmp\template> ls

    ディレクトリ: E:\tmp\template

Mode                 LastWriteTime         Length Name
----                 -------------         ------ ----
-a----        2024/03/27       15:21              0 DOC1.txt
-a----        2024/03/27       15:21              0 DOC10.txt
-a----        2024/03/27       15:21              0 DOC2.txt
-a----        2024/03/27       15:21              0 DOC3.txt
-a----        2024/03/27       15:21              0 DOC4.txt
-a----        2024/03/27       15:21              0 DOC5.txt
-a----        2024/03/27       15:21              0 DOC6.txt
-a----        2024/03/27       15:21              0 DOC7.txt
-a----        2024/03/27       15:21              0 DOC8.txt
-a----        2024/03/27       15:21              0 DOC9.txt

PS E:\tmp\template>
```

　template と連番の付いた10個のファイル名を、一括して DOC と連番が付いたファイル名に変更しています。やや長い命令ですが、この1行の命令を実行すると、目的の処理が完了します。

　このように、マウス操作で1つひとつ実行すると大変な手間がかかる作業でも、1行程度の命令を書くことができれば、仕事が非常に効率的になることがわかると思います。

　ただし、プログラミング言語を覚えるのは、なかなか大変です。たとえば今の命令では下記の最初の部分が、1から10までの連番を生成することを表しています。

```
1..10 | ForEach-Object
```

　そして、これに続く下記の $_ の部分が1から10の連番で置き換えられます。

```
`{ Rename-Item -Path "template$_.txt" -NewName "DOC$_.txt" }`
```

　なかなか、わかりにくいかと思います。ちなみに、これから紹介するPythonというプログラミング言語で書き直すと次のようになります。

```
for i in range(1, 11):
    # 元のファイル名と新しいファイル名を定義
    old_name = f"template{i}.txt"
    new_name = f"DOC{i}.txt"
    # ファイル名を変更
    os.rename(old_name, new_name)
```

　改行が入って、長くなったような印象があるかと思いますが、PowerShellの命令に似たところがあるかと思います。

‖ Python速習

Pythonはプログラミング初心者にとっては比較的とっつきやすい言語です。とはいえ、プログラミング言語である以上、Python言語を完全に把握するには時間も手間もかかります。もしも、プログラミング言語について完全にマスターしなければ、アプリケーションの開発ができないのであれば、世の中に、これほど多くのアプリが公開されてはいないでしょう。

Python言語によるアプリケーション開発で必要なのは、むしろ何をどのように作るのか、そしてそれらに必要とされる技術は何かを把握することです。実は、Pythonでは、アプリケーション開発者が手軽に使える環境が整えられていることが非常に多いのです。こうした環境、あるいは拡張機能を知ることが、Pythonでの開発を進める上で重要なポイントになります。

ここでは、そうした拡張機能を含めて、本書で掲載するPython命令を理解また実行するのに必要な項目に絞って学びたいと思います。

▶演算子

Pythonでの加減乗除、要するに足し算引き算、掛け算割り算についてはExcelと同じで ＋ 、 － 、 ＊ 、 ／ を使います。ただし、Excelでは見かけない使い方をすることがあります。たとえば ＊＊ です。 3**3 という書くと、これは3の3乗を求めることになります。 3*3*3 という命令を書いたのと同じです。べき乗という計算です。ちなみに、プログラミング言語で書かれた命令を**コード**といいます。

PythonにはExcelでは見かけない特殊な演算子もあります。 ％ は割り算の余りを求めるときに使います。 9%2 は1です。2で割ると商が4ですが（ 2*4=8 ）、1が余ります（ 9-(2*4)=1 ）。

▶代入

次にPythonなどのプログラミング言語で非常に重要な**代入**を理解しましょう。コードとして次のように書いてみてください。Google Colaboratoryで新しいノートブックを作成します。タブが新たに開いて新規ノートブックが用意されるので、「＋コード」を押して、下記に紹介するコードを入力していきます。なお、本書用のサンプルを用意しているので、そのURLをクリックして開いても構いません。その場合は、コードセルの左端の実行ボタンをクリックするだけです。

● Google Colab ノートブック 第3章Python速習

URL https://colab.research.google.com/drive/
1ZGmOcMIEuTLDcXimqijFjEkSt-Gc9y1v?usp=sharing

上記のノートブックでは、本節のコードをすべて確認し、また実行することができます。

```
x = 5
if x % 2 == 1:
  print('奇数')
else:
  print('偶数')
```

最初に x=5 とあります。これが代入です。言葉でいうと、「この命令以降、（小文字の) x は5と紐付けられている。つまり、5と同じである」ということです。つまり5に x という名前を付けたことになります。別に x でなくとも、A でも xyz でも、使いやすい名前を選ぶことができますが、多少の制約はあります。たとえば、名前が数値で始まってはいけません。5x=5 はエラーになります。なお、= は代入記号です。プログラミング言語では「イコール」という意味ではありません。数学でいうイコールは == と二重に書きます。なお、これら演算子の前後には半角スペースを挿入することができます(x = 5)。半角を挟まなくとも問題ありませんが、挟んだほうが、人間にとっては読みやすいかもしれません。

続くコード if x % 2 == 0: は仮定文です。英語と同じで、「もしも〜ならば」です。「〜」に相当するのが x % 2 == 1 で、「 x を2で割った余りが1に等しいならば」、という意味になります。文字の x を数字で割るのは妙な感じかもしれませんが、ここで x は5に紐付けられているので、実際には 5 % 2 == 1 ということになります。5を2で割ると余りは1なので、この式は正しいです(これをプログラミング言語では True といったりします)。正しい場合は、改行した次の行の命令が処理されます。なお、if で始まる文の行末に ：(コロン)があることに注意してください。

次の命令は、行頭に空白があります。**インデント**といいます。コロンもインデントも必須です。どちらかを消してしまうとエラーになるので注意してください。 print() は丸カッコ内に書かれた内容を、画面に出力する命令です。このように丸カッコ内に指定された項目に対して処理(この場合は表示)を行う命令を、「関数」といいます。また、丸カッコの中に指定する項目を引数(ひきすう)といいます。

「もしも〜ならば」の行が正しくなかったとき(これをプログラミング言語で False といったりします)は、else: の下の行に飛びます。余りが1でなければ(この場合、0に決まっているので)、'偶数'と表示します。この最後の行も行頭にインデントがあることに注意してください。

▶print

ここで print() について、やや応用的な使い方を紹介します。それは f (フォーマット)文字列です。次の例を見てください。

```
z = '太郎'
print(z,'さん')
print(f'{z}さん')
```

51

```
太郎 さん
太郎さん
```

まず z に太郎を代入しています。なお、プログラミング言語で文字を表示あるいは代入したい場合は必ず引用符で囲みます。ここではシングルコーテーションを使っていますが、ダブルコーテーションでも構いません。なお、ここで z は文字ではありません。 z という**変数**で、太郎という文字列に z という名前を付けたわけです。 z は '太郎' という文字列に紐付けられています。

print() は、丸カッコの中に画面表示したいものを指定します。複数個指定したいときは、間に , (カンマ)を入れます。どちらも z に代入された「太郎」を表示するのですが、最初の命令だと半角スペースが勝手に挿入されています。

2つ目の命令は、丸カッコ内にシングルコーテーションがあり、その最初に f があります。そして、シングルコーテーションが閉じるまでの間に {z} のように z を波カッコ(ブレース)で挟んでいます。 {z} とすると、 z の中身が取り出されて表示されるのがわかると思います。

▶リスト

次に、Pythonで重要なリストを紹介します。これは他の言語で配列やベクトルと呼ばれているものです。先に代入の例として x=5 を学びました。ここで x は1つの数値に紐付けられています。また、z='太郎' で z は1つの文字列に紐付けられています(「太郎」そのものは2文字ですが、全体をシングルコーテーションで囲み、1つの文字列として扱っています)。次の命令を見てみましょう。

```
x = [1, 2, 3, 4]
# 以下は print(x) と同じ意味
x
```

```
[1, 2, 3, 4]
```

代入は複数の値に紐付けることもできるのです。ただし、その場合、複数の要素をカンマで区切り、かつ全体を [] (ブラケット)で囲む必要があります。なお、Google Colaboratoryでは、コードセルの最後の行に書かれた命令は、わざわざ print() を使わなくとも、その結果が表示されます。上記のコードの最後の x は print(x) と書いたのと同じ意味になります。ただし、これは最後の行の場合だけです。コードセルの途中で何かを出力したければ、必ず print() を使う必要があります。

また、コードセルの行頭に # を書いた場合、その右の内容をPythonは無視します。何もしません。これを利用して # の右に、コメントやヒントを書くことが多いです。

リストで重要なのは、特定の要素だけを取り出す方法です。最も一般的な方法は番号を指定することです。

```
x[1]
```

```
2
```

さて、1番目を指定したつもりなのに、2番目の要素である2が取り出されてしまいました。実はPythonでは数を0からカウントするのです。リストの最初の要素を取り出すには **x[0]** とする必要があります。これは非常に間違いやすいところなので、注意してください。

```
x[0]
```

```
1
```

複数の要素を取り出す方法として、2つ例を紹介します。

```
x[1:]
```

```
[2, 3, 4]
```

1番目を指定してコロンを加えると、1番目から後すべてが取り出されます（出力にもブラケットがあることに注意してください）。

```
x[:3]
```

```
[1, 2, 3]
```

コロンを置いてから3番目とすると、3番目の要素の直前まで、つまり0番目、1番目、2番目の要素が取り出されます（出力にもブラケットがあることに注意してください）。

リストはプログラミング言語で非常によく使います。要素の取り出し方には、他にもいろいろな方法がありますが、ここでは番号を指定する方法を覚えておいてください。ちなみに、この番号のことを添字とか**インデックス**ともいいます。

▶辞書

辞書はラベルとその要素のペアです。次のような構造をしてます。

```
{キー1:値1、キー2:値2、キー3:値3、...}
```

コロンを挟んで前がキー、後ろが値のペアになっています。また、ペアの集合は波カッコ（ブレース）で囲みます。例を見てみましょう。

```
x = {'鳥類':'にわとり' , '哺乳類':'犬'}
x
```

```
{'鳥類': 'にわとり', '哺乳類': '犬'}
```

　辞書は基本的に値を要素として保存するものですが、その要素を指定するのにキーが使えるわけです。キーをインデックスとして使うわけです。

```
x['鳥類']
```

```
にわとり
```

　キーと値の両方を取り出して確認したいときは、次のように繰り返し文を使うのが便利です。

```
for key in x:
    print(f'キーが{key} :値が{x[key]}')
```

```
キーが鳥類 :値がにわとり
キーが哺乳類 :値が犬
```

　辞書の値として複数の要素、つまりはリストを指定することも可能です。

```
x = {'鳥類':['にわとり','スズメ','カラス'] , '哺乳類':['パンダ', '犬', '猫']}
x
```

```
{'鳥類': ['にわとり', 'スズメ', 'カラス'], '哺乳類': ['パンダ', '犬', '猫']}
```

　この場合、キーが哺乳類の、3番目の要素を取り出すという操作が行えます。

```
x['哺乳類'][2]
```

```
'猫'
```

　辞書を使った少し実用的な例を紹介しましょう。ローマ数字というのはご存じでしょうか。ローマ数字はラテン文字を用いて数を表す記号で、たとえばアラビア数字の1、2、3はそれぞれI、II、IIIと表記されます。アラビア数字をキーに、ローマ数字を値にした辞書を作成してみましょう。

```
x = {1:'I', 2:'II',3:'III', 4:'IV', 5:'V', 6:'VI',7:'VII', 8:'VIII', 9:'IX',
10:'X'}
```

　すると、たとえばアラビア数字の8は、ローマ数字でどう書くかを調べるには次のようにします。

```
x[8]
```

```
'VIII'
```

ここで x[8] はリストの8番目（つまり9個目）の要素という意味ではなく、辞書のキーが8の要素を指定していることを確認してください。

ちなみに2022年はローマ数字ではMMXXIIと書きます。1000をローマ数字でMで表すので、Mを2つ重ねるわけです。Mはミレニアム（millennium）のことです。

ライブラリとは

Pythonには基本機能を拡張するためのライブラリが多数用意されています。ライブラリの多くはpypiというサイトに登録され、Pythonのコマンドを使ってインストールすることができます。

● pypi

URL https://pypi.org/

ここでは、絵文字とその意味を対応させることができるライブラリ emoji と demoji を例に、その利用方法を解説しましょう。ちなみにemojiという発音は海外でも通じます。emoji と demoji ライブラリはデフォルトでは入っていないので、まずインストールします。ノートブックのコードセルでは、次のように入力してインストールすることができます。

```
!pip install emoji demoji
```

pip という命令の直前に ! とおいています。これはGoogle Colaboratoryの場合、% でも構いません。この pip は実はPythonのプログラム言語のコードではありません。外部コマンドといいますが、! あるいは % を付けて、そのことを明示しています。

ライブラリを利用するには、最初に次のように宣言する必要があります。

```
import demoji
import emoji
```

demoji では絵文字とその意味を対応させた表が使えるので、ダウンロードします。

```
demoji.download_codes()
```

このように import demoji を実行しておくと、demoji ライブラリにある .download_codes という命令を使えるようになります。

なお、ライブラリの機能を使う方法として、次のような書き方をすることもあります。

```
from demoji import download_codes
download_codes()
```

このようにすると、demoji ライブラリの download_code だけが使えるようになります。ただし、次の説明では、1つ前のコードのように、import demoji と実行したとします。

```
text = "これらの絵文字 😄   😎 や 😒   😠 は何を意味しているの？"
emojis = demoji.findall(text)
print(emojis)
```

```
{'😎': 'smiling face with sunglasses', '😒': 'unamused face', '😠': 'angry
face', '😄': 'grinning face with smiling eyes'}
```

　絵文字の意味（どちらかというと説明に近いですが）が、Pythonの辞書の形式で返されているのがわかります。

APIとは

　さて、ここでAPI（Application Programming Interface）について、Python言語の練習を兼ねて、実際に操作しながら学んでいきたいと思います。

▌ 郵便番号から住所を調べる

　ネットワーク環境とストレージ（保存ディスク）の性能が向上し、さまざまなデータが収集されています。こうしたデータの一部は、一般のユーザーにもアクセス可能なように公開されていることがあります。官民問わず、一般向けにデータを公開することを**オープンデータ**といいます。オープンデータを取得する手段としては、Excelなどのファイル形式でWebサイトに公開されダウンロードできるようになっていることもあります。

　一方、アプリケーションなどでこうしたオープンデータを利用する場合、アプリケーション内部でデータをダウンロードする、あるいはアップロードできる仕組みがあると便利です。これがAPI（Application Programming Interface）です。現在、多くのオープンデータとアプリケーションが、APIを通してデータのやり取りをしています。

　APIを利用するには、基礎的なPythonの知識で十分可能です。たとえば、郵便番号から地域名を取得したいといます。そのためのAPIが公開されています。

- zipcloud

　URL　https://zipcloud.ibsnet.co.jp/

実際にPythonでコードを書いてみましょう。下記がその例です。最初の2行は、インターネットにアクセスするライブラリと、読み込んだデータを整理するライブラリを読み込んでいます。

```python
import requests
import json
url = 'https://zipcloud.ibsnet.co.jp/api/search?zipcode=7830060'
data = requests.get(url)
json_data = json.loads(data.text)
```

3行目に指定しているURLがzipcloudサービスで郵便番号から地名を検索するための要になります。

実は、ほとんどのAPIでは https:// という、ブラウザでサイトにアクセスする方法と同じ手段でデータの送受信をします。つまり、https:// というインターネット上でデータをやり取りする一般的な手段があれば、どんなアプリでもデータを取得できるということです。多くの場合、指定されたURL（エンドポイントといいます）の後ろに、検索ワードを追加するだけです。たとえば上のサービスでは、指定されたエンドポイントの後ろに ?zipcode=[郵便番号] と加えてアクセスすれば、サーバー側では、指定された郵便番号の住所をデータベースから調べて、その内容を返信してくれます。

取得されたデータを表示させてみます。

```
json_data
```

```
{'message': None,
 'results': [{'address1': '高知県',
   'address2': '南国市',
   'address3': '蛍が丘',
   'kana1': 'コウチケン',
   'kana2': 'ナンコクシ',
   'kana3': 'ホタルガ オカ',
   'prefcode': '39',
   'zipcode': '7830060'}],
 'status': 200}
```

複雑そうなフォーマットですが、これをJSON形式といいます。先に学んだ辞書をよく似ていることに気付いたでしょうか。辞書とは、キーと値をペアにして情報を保存する方法です。たとえば、上記の出力の最後に 'status': 200 とありますが、これはzipcloudサービスへのアクセス状況が、コード番号で200に該当するという意味です。コード番号200というのは、インターネットアクセスの決まり事で「正常にアクセスできた」ことを表します。コロンを挟んで前者をキー、後者を値といいました。

この辞書には、大枠で3つのキーがあります。 `message` と `results` と `status` です。そして、`results` の値は、それ自体が辞書になっています。つまり、ある辞書の内部に、さらに辞書が挿入されています。

この入れ子の辞書には `address1` というキーがあり、その値は `'高知県'` となっています。その他 `zipcode` まで、8個のキーと値が収められています。

なお、細かく見ると、`results` の値はブラケット(`[]`)で挟まれているのが確認できます。これは、`results` の値に、複数の入れ子の辞書が入ることがあるからです。Pythonでは、複数の要素を1つにまとめて管理する方法に**リスト**があります。 `zipcloud` で一度に検索できる郵便番号は1つだけなのですが、同一の郵便番号を使う地域が複数ある場合、それらを別々の辞書として返す必要があります。

たとえば https://zipcloud.ibsnet.co.jp/api/search?zipcode=0790177 というエンドポイントを指定してデータを取得すると、次のような辞書が返ってきます。

```
{
  "message": null,
  "results": [
    {
      "address1": "北海道",
      "address2": "美唄市",
      "address3": "上美唄町協和",
      "kana1": "ホッカイドウ",
      "kana2": "ビバイシ",
      "kana3": "カミビバイチョウキョウワ",
      "prefcode": "1",
      "zipcode": "0790177"
    },
    {
      "address1": "北海道",
      "address2": "美唄市",
      "address3": "上美唄町南",
      "kana1": "ホッカイドウ",
      "kana2": "ビバイシ",
      "kana3": "カミビバイチョウミナミ",
      "prefcode": "1",
      "zipcode": "0790177"
    },
    {
      "address1": "北海道",
      "address2": "美唄市",
      "address3": "上美唄町",
      "kana1": "ホッカイドウ",
```

```
        "kana2": "ビバイシ",
        "kana3": "カミビバイチョウ",
        "prefcode": "1",
        "zipcode": "0790177"
      }
    ],
    "status": 200
  }
```

　この例だと、restuls の値は**1つのリスト**で、そのリストの1つ目の要素が "上美唄
町協和"の情報を表す辞書、2つ目が "上美唄町南"の辞書、そして3つ目が "上美唄町
"の辞書となっています。この3つの辞書をまとめて results の値とするために、前後
を [ ] で囲っているのです。つまりリスト形式にしています。郵便番号では1つの郵便番
号が1つの地域に割り当てられているケースも多いでしょうが、そのような場合でもあくまで
リスト(要素が1つのリスト)として扱うことで、Python辞書の操作性が統一されます。

OpenAI API

OpenAIのAPIも原理は同じです。`https://` で始まるエンドポイントに要求をつなげて送ることになります。用途によって違うのですが、Chat（AIとの会話）の場合は `https://api.openai.com/v1/chat/completion` というURLになります。ただし、このエンドポイントのままだとOpenAIにアカウントを持っていなくとも、誰でも利用できることになってしまいます。そこで、ユーザーごとにAPIキーという個別に割り振られたキーを追加して要求を送信することになります。キーは長い文字列ですから、これをエンドポイントにそのまま加えるとわかりにくくなりますし、なによりもURLに自分の秘密のキーをまるごと加えて送ってしまうのは、セキュリティの観点からも適当ではありません。そのため、検索ワードとキーは、実際にはURLに書き足すのではなく、それぞれを別々の要素として送ります。下記は `curl` というLinuxなどで使われるネットワークアクセス用の命令を利用した例です。

```
curl https://api.openai.com/v1/completions \
-H "Content-Type: application/json" \
-H "Authorization: Bearer 個人ごとに割り振られたAPIキー" \
-d '{"model": "OpenAI社で使えるAIモデル名", "prompt": "質問"}'
```

上記の例を見ればわかるように、全体として複雑な命令になります。そこで、OpenAI社では、もう少し簡単に命令を送ることのできるライブラリを提供しています。それがopenaiというPythonライブラリです。本書では基本的に、このライブラリを使ってAPIを利用する方法を紹介します。

ただし、注意する点があります。それはライブラリのバージョンがアップデートされると、それまで動いていたコードがエラーになってしまう場合があることです。実際、2023年前半まで使われていた0.28.1バージョンの仕様で書いたコードは、2023年後半以降の1.0.0バージョンでは動作しません（なお、この章を執筆している2024年2月時点での最新バージョンは1.12.0でした）。バージョンは下記で確認できます。

URL https://github.com/openai/openai-python

APIの利用は基本的には有料となります。ブラウザあるいはアプリ版のChatGPTで無料版を使っていても、APIの利用には料金がかかります（逆にいうと、無料版のユーザーでもAPIは利用できます）。

ちなみにChatGPT（Web）版のアカウント登録をした時点で自動的に3カ月間有効の5ドルのボーナスが与えられ、この5ドルの範囲であればAPIを無料で使うことができます（2024年2月現在）。5ドルという額はわずかですが、本書で紹介する内容を自身で実行する限りでは、5ドルを超えることはありません。5ドルを超えて利用したい場合、あるいはアカウント登録後3カ月がすでに経過している場合は、クレジットカードを登録する必要があります。

OpenAI APIで利用可能な言語モデルには大きくgpt-3.5とgpt-4、そして 2024年5月に公開されたgpt-4oがあります。gpt-4が優れていますが、その分、利用料金も高めに設定されています。またgpt-4は、gpt-3.5に比べて遅いです（回答が返ってくるのに時間がかかります）。性能と速度の両面でコストパフォーマンスに優れているのが、gpt-4oとなります。ただし、OpenAI APIを使い始めた段階ではgpt-4を利用することはできません。gpt-4を利用するには、OpenAI社のAPIに1ドル以上の支払い実績があることが条件となります。

以降、本書の説明では、言語モデルとしてgpt-3.5（gpt-3.5-turbo）を利用することにします。

下記の手順に従って、OpenAI APIにユーザー登録し、APIキーを取得することができます。ここでは、ChatGPTのアカウントはすでに持っていることを前提としています。ChatGPTのアカウントを持っていない場合は、「https://openai.com/」にアクセスし、右上の「Try ChatGPT」をクリックし、「Get Started」から「Sign up」をクリックして、「Create your account」で、登録するメールアドレスを入力するか、あるいは「Continue with Google」を選んでGmailと連携させてください。この際、電話番号の登録が必要になります。なお、OpenAIのサイトデザインはしばしば変更されます。以下の説明は、登録の流れとして読んでください。

❶「https://platform.openai.com/apps」にアクセスします。

❷「ChatGPT」と「API」の2つが表示されているので、「API」を選択します。

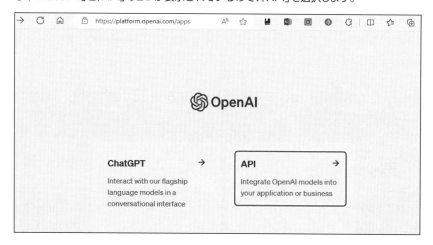

❸ 画面上部の「Dashboard」をクリックします。ログインしていない場合は「Log in」ボタンをクリックしてログインします。

❹ 画面左の「API keys」をクリックします。

❺「+Create new secret key」というボタンをクリックします。

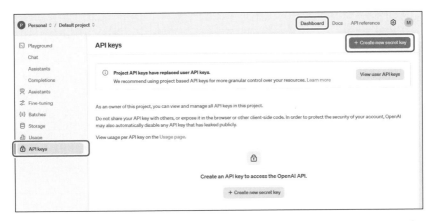

❻ 「Name」に適当な名前、たとえば「TestAPI」などと入力し、「Create secret key」ボタンをクリックします。

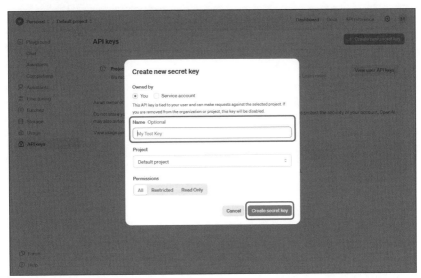

❼ APIキーが表示されるので、「Copy」ボタンをクリックしてコピーし、メモ帳やWordなどにペーストして保存してください。なお、ここでダイアログを閉じてしまうと、キーは二度と表示されないので注意してください。

❽ 「Done」ボタンをクリックします。

　以上が、OpenAI APIにユーザー登録してAPIキーを取得する方法です。

▌APIでのトークン消費

　本書ではAPIを利用する際、言語モデルとしてgpt-3.5-turboを指定します。APIで利用できるモデルとしてはgpt-4もありますが、こちらはクレジットカードで1ドル以上の支払い実績がある場合のみ指定できるようになります（2024年3月現在）。また、gpt-4はgpt-3.5と比べて利用料金も高くなります。APIの利用では、基本的にトークンという単位で課金されます。トークンは英語の場合、だいたい単語と同じなのですが、日本語の場合はやや複雑です。基本的には文字単位となると考えるとよいのですが、ただし1文字であってもトークンとしては3と数えられる場合があります。

　たとえばOpenAI社のtokenizerというサイトでトークン数を数えることができます。

● OpenAI Tokenizer

URL https://platform.openai.com/tokenizer

「トンネルを抜けるとそこは雪国だった」を入力すると、次のようになります。

　文字数としては17文字なのですが、トークン数としては20トークンとカウントされています。日本語の場合、文字数よりも大きな数値になるのが普通です。そして、課金の対象となるのは質問文だけではありません。その質問に対するChatGPTの回答についてもトークン数で課金されます。後で解説しますが、APIを使って「インボイスについて教えてください」と質問すると、21トークンとカウントされます。この質問を実行した時点では、gpt-3.5-turboからは次のような回答が返ってきました。

インボイスとは、お金を払うために必要な書類のことです。商品やサービスを買った
り、仕事をしたりした時に、支払いの証拠として使います。

インボイスにはいくつかの情報が書かれています。たとえば、売り手の名前や住所、
買い手の名前や住所、商品やサービスの詳細、値段などが書かれています。また、支
払い方法や支払い期日も書かれています。

インボイスは、売り手から買い手に渡されます。買い手は、インボイスに書かれた金
額を支払わなければなりません。支払いが完了すると、買い手はインボイスのコピー
を保管しておくことが大切です。なぜなら、将来的に商品やサービスに関する問題が
生じた場合、インボイスが証拠となるからです。

インボイスはビジネスの世界でよく使われる書類ですが、小さなお店や個人事業主で
も使うことがあります。大人がインボイスを使う際には専門的な用語が使われること
がありますが、大事なことはお金のやり取りをするときに必要な書類であるというこ
とです。

この回答のトークン数は538となっています。すると、あわせて559トークンを消費したこ
とになります。

ではトークンにあたりの課金金額ですが、2024年5月時点での料金はOpenAIのサイ
トで確認できます。たとえばgpt-3.5-turboの場合、入力、つまり質問文については1000
トークンあたり0.0010ドルとなり、出力、つまり回答については1000トークンあたり0.0020ド
ルとなっています。

モデル	入力(Per 1,000 tokens)	出力(Per 1,000 tokens)
gpt-3.5-turbo	$0.0010	$0.0020

すると21 × 0.001 ÷ 1000 = 0.000021と538 × 0.002 ÷ 1000 = 0.001076の合
計で、0.001097ドルが料金ということになります。1ドルが仮に150円だとすると0.16455円
ということになります。登録時に無料で付与されたクレジット5ドルを消費するのは、意外
に大変だと思われるかもしれません。が、塵も積もれば山となります。課金の仕組みにつ
いて詳細は、OpenAI社のサイトで確認することができます。

● OpenAI API 利用料金
URL https://openai.com/api/pricing/

APIを取得できたら、使えるかどうか、実際に試してみましょう。下記ではGoogle Cola
boratoryを利用しています。なお、本書のサポートサイトに、下記で実行する命令を記
載したGoogle ColaboratoryノートブックのURLを公開しています。

● Google Colab ノートブック 第3章OpenAI_API入門.ipynb
URL https://colab.research.google.com/drive/
1TO5WdLi4ypL9N_V9FhlKOO-MQzQQyMol?usp=sharing

記載のURLにアクセスすると、自分で入力せずに本書に記載の命令を実行することもできます。ノートブック上に表示された「+Code」をクリックしてコードセルを追加してください。

次に、コードセルに次のように入力します。この際、入力モードが半角になっていることに注意してください。

```
!pip install cohere tiktoken openai
```

この1行の意味は、これからOpenAI APIを利用するために必要な拡張機能をインストールしています。拡張機能はライブラリともいいます。上記の入力をするにあたっては、綴りを間違えないようにしてください。大文字と小文字を間違えるだけでもエラーになります。半角スペースを挟むのも忘れないでください。

入力したら、コードセルの左端にある実行ボタン（▷）をクリックしてください。すると、指定された拡張機能が自動的にインストールする作業が進みます。その旨のメッセージが表示され続けます。

続けて、もう1つコードセルを下に追加して、次のように入力します。ただし、**ここに取得したAPIキーを入力** の部分は、自分自身で取得したAPIキーに置き換えてください。また、その際、前後にあるダブルコーテーションを消さないでください。

```
from openai import OpenAI
client = OpenAI(api_key="ここに取得したAPIキーを入力")
```

なお、セキュリティの観点からいえば、ノートブックに個人のAPIキーを書き込んでしまうと、第三者に知られてしまう恐れが生じるため、望ましくありません。

これを回避するには、別に用意したファイルにAPIキーを記入しておき、ノートブックではそのファイルを読み込むなどの方法があります。本書のCHAPTER 04で、OpenAIのAPIの応用的な使い方を紹介しますが、そこではGoogleの「シークレット」という機能の使い方を紹介しています。APIの利用に慣れてきたら、ぜひ試してみてください。

では、入力したコードを実行するため、左端の実行ボタンを（▷）をクリックしましょう。

続けて、さらにコードセルを追加し、次のように入力してください。この段階では、特に意味などを深く考えずに入力して、実行してみてください。最初と最後の行を除いて、行頭にインデント（複数の半角スペース）があることに注意してください。

```
response = client.chat.completions.create(
  model="gpt-3.5-turbo",
  messages=[
    {"role": "system", "content": "あなたは日本の株式の会社の会計担当者です。"},
    {"role": "user", "content": "インボイスとはなんですか？ "},
    ]
)
```

上記のコードの詳しい説明は後に回します。OpenAI APIに送るコードはおおむね似通っています。今後も繰り返し入力することになりますが、実際にはひな型をコピーしておき、必要な場合にペースト、そして一部を修正して実行というパターンが多くなるでしょう。

ここで実行ボタン（▷）をクリックすると、ボタンアイコンがしばらく、くるくると回って、やがて止まると思います。止まったら、改めて次のCodeセルを追加して、次のように入力して実行します。こちらも長いですが、この段階では意味を深く考えずに、まずは実行してください。

```
response.choices[0].message.content
```

しばらくすると、次のように表示されると思います（ただし、ChatGPTの出力は毎回異なるので、下記と一字一句一致するわけではありません）。

> インボイスは、商品やサービスの売買取引において、販売者が顧客に対して送付する請求書のことです。通常、インボイスには販売者の情報、顧客の情報、取引の詳細（商品の数量、単価、合計金額など）が含まれます。顧客はこのインボイスを基に支払いを行います。また、インボイスは販売者自身が記録として保管し、会計処理や税務申告に使用されます。

なお、実は上記のコードはOpenAI APIのWeb画面（Webインターフェイス）のPlaygroundで質問を入力して処理させた後、右上の「View Code」ボタンをクリックして表示されたものをコピーして使っています（一部、整理しています）。

```
from openai import OpenAI
client = OpenAI(api_key="ここに取得したAPIキーを入力")

response = client.chat.completions.create(
  model="gpt-3.5-turbo",
  messages=[
    {
      "role": "system",
      "content": "あなたは日本の株式の会社の会計担当者です。"
    },
    {
      "role": "user",
      "content": "インボイスとはなんですか？ "
    }]
)
```

PythonでOpenAIのgpt-3.5-turboに質問を送ると、答えが返ってきたという流れになります。実際の応用では、こうしたPythonのコードそのものはバックグランドに隠れてしまい、ユーザーの側が見ることはありません。ユーザーが質問を入力するだけで回答が表示されるアプリケーションとなるでしょう。

なお、実行してみたら Error rate limit reached というエラーメッセージが表示される場合は、アカウント登録時に付与されたクレジットがすでに無効になっていることが原因と思われます。この場合は、クレジットカードを登録したうえで、改めて挑戦してください。

以上がOpenAI APIを利用したAI開発の初歩となります。

OpenAI APIでできること

OpenAI API を応用する方法については、CHAPTER 04で詳しく紹介しますが、どのようなことができるかをここで紹介しておきましょう。

▶ChatBotのカスタマイズ

ChatGPTではシステム側の設定を行うことで、対話のスタイルなどを指定することができます。たとえば、AIの返答を「ですます」調にする、あるいは「常に英語で回答する」など、必要に応じて設定することができます。さらに、AIの返答の文字数、あるいは独創性を調整できます。

▶独自データの追加

ChatGPTは一般に公開されている文書に基づいて学習されています。そのため、最近公開された文書や、非公開の社内文書に記された情報は知りません。そこで、こうした文書をデータベースとして別に用意し、関連する質問については、用意したデータベースを参照して回答するように仕向けることができます。

▶Web検索

最新の文書を参照する方法としては、他にWeb検索をシステム側で行わせて、その情報に基づいて回答することもできます。OpenAI APIではMicrosoftのBing検索を使うことができます。

▶CodeInterpreter

Excelファイルなどを送ってワークシートの数値を要約するなどの処理が行えます。

▶ファインチューニング

最新の文書あるいは特定分野の情報をAIに参照させる方法としては、AIそのものを学習し直すこともできます。AIの性能を広く拡張するのであれば、この方法を選ぶのが良いでしょう。ただし、ファインチューニングは時間もコストもかかります

なお、これらは、Web版のChatGPTでも実現可能ですが、アプリなどに組み込むにはAPIでの処理が必要となります。

01

02

03

AIをカスタマイズする

04

05

06

A

Microsoft Azure APIについて

　先にも述べましたが、MicrosoftはOpenAI社と提携しており、Microsoft社のプラットフォームであるAzureにおいてOpenAI社のGPTを使うことができるAzure OpenAIというサービスを提供しています。

　また、これらの言語モデルを応用的に利用するためのAzure APIを用意しています。基本的な使い方はOpenAIのAPIとほとんど変わりません。Azureを使うメリットは、開発したAPIを実装するのに適したサーバー環境やセキュリティ設定が、Azureが提供する機能で実現可能なことです。

　Azure OpenAIを利用するには、2024年2月の段階で、事前の利用申請が必要です。ただし、2024年3月時点では個人としての申請はできません。企業なり組織なりのメールアドレスを指定した申請が必要です。Microsoftに「Azure OpenAI Serviceへのアクセス」というページがあります。こちらを参照して、「今すぐ申請する」をクリックしてください。

● Azureでの申請
URL　https://learn.microsoft.com/ja-jp/azure/ai-services/openai/
　　　　faq#azure-openai-service-----

すると、次のようなフォームが表示されます。

Request Access to Azure OpenAI Service

* 必須

Please read all instructions carefully and complete form as instructed

Thank you for your interest in Azure OpenAI Service. **Please submit this form to register for approval to access and use the Azure OpenAI models (as indicated in the form). All use cases must be registered, and only use cases listed in this form are permitted.** Azure OpenAI Service requires registration and is available to eligible customers and partners. Learn more about limited access to Azure OpenAI Service here.

　フォームへの入力は英語で行ってください。ChatGPTに翻訳をさせればいいでしょう。申請後、どれくらいで認証されるかはケースバイケースです。当日中に認証されることもあれば、数日待たされることもあるようです。

　AzureでOpenAIを利用するには、まずリソースを作成します。ただし、リソースはどこかのリソースグループ配下に置く必要があります。そこで、リソースグループを用意しておきます。なお、Azureの画面デザインは頻繁に変更されます。以下の設定は、おおまかな手順として読んでください。

　ここでリージョン（地域）を指定します。リージョンによって利用可能な言語モデルが異なります。たとえば、ここでは言語モデルとしてgpt-4を使った事例を紹介したいと思います。そこで言語モデルとしてgpt-4が利用できる「East US2」を選びます。

　さて、新規に作成したリソースグループにはまだリソースがないので作成します。Azure OpenAIで検索すると、すぐに候補が出てくるので選択します。

「作成」ボタンをクリックします。

　なお、既存のリソースグループを選んで指定する場合、そのグループにはリージョンが設定されているはずです。ここでOpenAIのリソースを作成する場合、そのリージョンと一致させておくことをおすすめします。この例で「East US 2」を選択しているのは、筆者が選んだリソースグループ「ishidaEastUS2」のリージョンが「East US2」だからです。

　インスタンスの名前は任意ですが、半角英数字のみで設定する必要があります。Azure OpenAIの価格レベルは「Standard S0」が用意されていると思います。価格レベルを選択できない場合は、まだサービスをご利用できない状況です。申請が承認されるのを待ちましょう。

　以降は「次へ」ボタンをクリックしていき、デフォルト設定のまま、最後のタブで「作成」ボタンをクリックします。右下の「Go to Azure OpenAI Studio」に移動します。

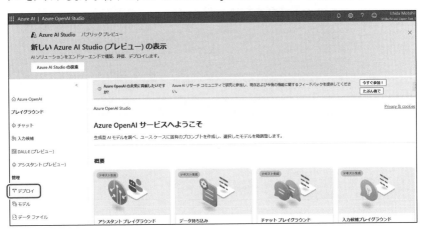

　ここでさらにモデルをデプロイしていきます。画面左から「デプロイ」をクリックし、「+新しいデプロイの作成」に進みます。ここで、GPT言語モデルを選び、任意の名前を付けて「作成」ボタンをクリックします。

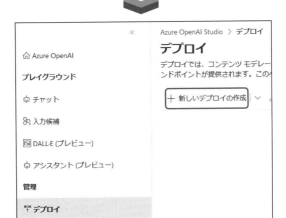

ここで、GPT言語モデルを選び、任意の名前を付けて「作成」ボタンをクリックします。

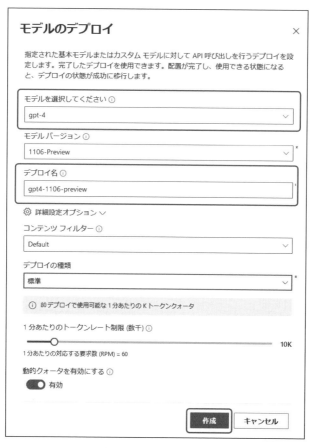

ちなみに、リソースのリージョン（地域）によっても異なりますが、たとえば、「米国東部2」リージョンでは次のモデルが（2024年5月現在では）選択可能になっています（リージョンによっては選択できないモデルがあります）。

言語モデル	入力(1000トークンあたり)	出力(1000トークンあたり)
gpt-3.5-turbo(16K)	$0.0005	$0.0015
gpt-4(8K)	$0.03	$0.06
gpt-4(32K)	$0.06	$0.12
gpt-4-turbo(128K)	$0.01	$0.03
gpt-4-turbo-vision(128K)	$0.01	$0.03

● Azure OpenAI 価格

URL https://azure.microsoft.com/ja-jp/pricing/details/

cognitive-services/openai-service/

　表でモデル名のカッコ内にある（4K）などは**コンテキスト**を表しています。コンテキストとは、簡単にいえばAPIが入力を受け入れられる文章量です。これはChatGPTに送受信できるトークン数となります。トークンは英語の場合は単語に相当しますが、日本語の場合はほぼ文字になります。言語モデルごとにトークンの上限（コンテキストウィンドウ）は決まっています。gpt-4-turboなら、128,000トークンが限度となります。多いように思えるかもしれませんが、ChatGPTでの会話のやり取りでは、そこまでの会話履歴を毎回まとめて送信し直すことになります。質問と回答を繰り返していくと、かなりのトークン数となることを心得ておく必要があります。

　なお、Azure OpenAIのサービス利用にはクオータという規制があります。Azureサブスクリプションのリージョンごとに、OpenAIのリソース数や、1分あたりに処理可能なトークン数（TPM）に制約があります。たとえば、いま作成したAzure OpenAIリソースのクオータを確認すると、利用可能な80kのうち、1分あたり10Kが利用可能であることがわかります。1分あたりの割り当ては80kまで拡張できます。あるいは別にデプロイを行ったとしたら、その新しいデプロイでは70kまでTPMを割り当てられることになります。

モデルのデプロイ　　　　　×

指定された基本モデルまたはカスタム モデルに対して API呼び出しを行うデプロイを設定します。完了したデプロイを使用できます。配置が完了し、使用できる状態になると、デプロイの状態が成功に移行します。

モデルを選択してください ⓘ

```
gpt-4                                              ∨
```

モデル バージョン ⓘ

```
1106-Preview                                       ∨  *
```

デプロイ名 ⓘ

```
gpt4-1106-preview                                     *
```

⚙ 詳細設定オプション ∨

コンテンツ フィルター ⓘ

```
Default                                            ∨
```

デプロイの種類

```
標準                                                ∨  *
```

> ⓘ 80 デプロイで使用可能な 1分あたりの K トークンクオータ
>
> 1 分あたりのトークンレート制限（数千）ⓘ
>
> ○━━━━━━━━━━━━━━━━━━━━━━━━━━ 10K
>
> 1 分あたりの対応する要求数 (RPM) = 60
>
> 動的クォータを有効にする ⓘ
>
> ●━ 有効

　　　　　　　　　　　　　　　　　　　　　　　　作成　キャンセル

デプロイが終わったら、プレイグラウンドの「チャット」をクリックします。次のように、この
ページで、モデルとの対話を行ったり、設定を調整したりすることができます。

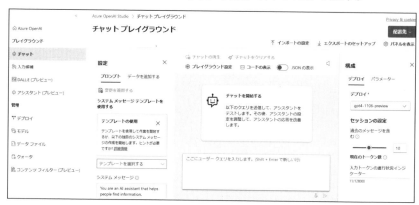

中央の入力欄に質問を送るのは、WebのChatGPTと同じです。右にある「パラメー
ター」では、出力の調整を行うことができます。「temperature」（温度）というのは、回
答にどれだけランダム性を持たせるかの指標で、「0.0」だと実直な（正しいという意味で
はありません）回答が返り、「1.0」にすると、正確性を犠牲にしたかのような回答が生成さ
れます。

中央の「コードの表示」をクリックすると、最新の会話履歴をAPIでやり取りした
Pythonのコードが表示されます（他にも"json"、"C#"、"curl"のコードが確認できます）。

APIでのやり取りにはキーやエンドポイントの情報が必要になります。それらは Azure
OpenAI リソースの「キーとエンドポイント」から確認できます。

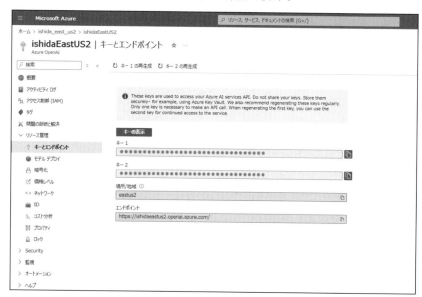

　ちなみに、67ページで紹介したチャットのためのPythonコードをAzure APIで行う場合は、次のような手順になります。ただし、2024年2月現在、Azureで表示されるPythonコードは、openaiライブラリの古いバージョンが使われています。そのため、openaiライブラリを使うにはバージョンを指定してインストールする必要があります。

```
!pip uninstall openai
!pip install openai==0.28.1
```

```python
import os
import openai

openai.api_type = "azure"
openai.api_base = "https://**********.openai.azure.com/"
openai.api_version = "2024-02-15-preview"
openai.api_key = "ここに取得したAPIキーを入力"

message_text = [{"role":"system", "content":"あなたは日本の株式の会社の会計
担当者です。"},
        {"role":"user","content":"インボイスとは何ですか？ "}]

completion = openai.ChatCompletion.create(
  engine="gpt-35-turbo-16k",
  messages = message_text
  stop=None
)
```

　このコードはAzure Open AI StudioチャットプレイグラウンドのWebインターフェイスでやり取りし、「コードの表示」ボタンをクリックして表示させたものです（本書に掲載するため、一部コードを整理しています）。エンドポイント、api_type と api_version の指定に加え、api_base がAzureアカウント独自のURLになっている点を除けば、OpenAI社のAPIの場合とほぼ同じです。一部に違いがあるのは、前述のようにAzureのコードではopenaiライブラリのバージョンがやや古いためです。

Hugging FaceとAPI

　Hugging Faceは人工知能技術サービスを提供している企業であり、オープンソースのAIモデル、特に言語モデルと画像生成モデルの開発と共有のためのプラットフォームを提供しています。この企業は、AIコミュニティにおいて、特にTransformerベースのモデル（BERTやGPTなど）の普及と利用促進に貢献しており、開発者がこれらの先進的なモデルを簡単に利用し、応用することを可能にしています。Hugging Faceは、コミュニティ主導の開発を重視しており、オープンソースの精神に基づき、AI技術の民主化（誰でもがAIにアクセスできる）を推進しています。これにより、企業、研究機関、個人開発者など、幅広いユーザーが最新のAI技術を利用し、新しいアプリケーションの開発を行うことができるようになります。

　また、Hugging FaceはHugging Face Hubというプラットフォームも運営しており、研究者や開発者が自分たちのモデルを公開したり、他の人が作成したモデルを検索して利用したりすることができます。このプラットフォームは、AIモデルの再利用と共有を促進しています。

　ここでは Hugging Faceが提供しているAPIサービスを利用してみます。下記のモデルの利用にはユーザー登録が必要ですが、クレジットカードの入力は必要ありません。アカウント作成後、「settings」から「Access Tokens」を取得します。

　トークンを取得できたら、文章の感情分析を試してみましょう。ここでは **https://huggingface.co/SamLowe/roberta-base-go_emotions** を使います。

　下記では、"I am not having a great day"という英文章の感情を推定しています。

```python
import requests
import json
# エンドポイントを指定
url = "https://api-inference.huggingface.co/models/SamLowe/roberta-base-go_
emotions"
# 問い合わせを必要な形式に変換
payload = json.dumps({
    "text": "I am not having a great day",
})
# jsonデータの指定と、自分の Access Tokens を設定
headers = {
  'Content-Type': 'application/json',
  'Authorization': 'Bearer hf_xxxxxxxxxxxxxxxxxxxx'
}
# データを送る
response = requests.request("POST", url, headers=headers, data=payload)
```

▼

```
# 受け取ったデータを json 形式で表示する
response_dict = json.loads(response.text)
response_dict
```

```
[[{'label': 'disappointment', 'score': 0.4666958153247833},
  {'label': 'sadness', 'score': 0.398494690656662},
  {'label': 'annoyance', 'score': 0.06806603074073792},
  {'label': 'neutral', 'score': 0.05703023821115494},
  {'label': 'disapproval', 'score': 0.04423939064145088},
  {'label': 'nervousness', 'score': 0.014850723557174206},
  {'label': 'realization', 'score': 0.014059892855584621},
  {'label': 'approval', 'score': 0.011267448775470257},
  {'label': 'joy', 'score': 0.0063033816404640675},
  {'label': 'remorse', 'score': 0.006221487186849117},
  {'label': 'caring', 'score': 0.006029392126947641},
  {'label': 'embarrassment', 'score': 0.005265488289296627},
  {'label': 'anger', 'score': 0.004981435369700193},
  {'label': 'disgust', 'score': 0.004259035456925631},
  {'label': 'grief', 'score': 0.004002130590379238},
  {'label': 'confusion', 'score': 0.003382924711331725},
  {'label': 'relief', 'score': 0.003140492830425501},
  {'label': 'desire', 'score': 0.0028274671640247107},
  {'label': 'admiration', 'score': 0.002815792104229331},
  {'label': 'fear', 'score': 0.002707524225115776},
  {'label': 'optimism', 'score': 0.0026164923328906298},
  {'label': 'love', 'score': 0.0024883910082280636},
  {'label': 'excitement', 'score': 0.002449477557092905},
  {'label': 'curiosity', 'score': 0.00237436406314373},
  {'label': 'amusement', 'score': 0.0017466937424615026},
  {'label': 'surprise', 'score': 0.001452987315133214},
  {'label': 'gratitude', 'score': 0.0006464761681854725},
  {'label': 'pride', 'score': 0.0005542492726817727}]]
```

「感情」の推定確率が高い順に表示されています。ここでは disappointment と sadness である確率（右の score の値）が高いと判定されています。

　ちなみに、SamLowe/roberta-base-go_emotions は次のように、モデルをダウンロードして実行する方法でも同じ結果を得ることができます。

```
from transformers import pipeline

classifier = pipeline(task="text-classification", model="SamLowe/roberta-
base-go_emotions", top_k=None)
```

```
sentences = ["I am not having a great day"]

model_outputs = classifier(sentences)
print(model_outputs[0])
```

　これはモデルの説明ページにも掲載されている実行例です。どこが違うのかというと、こちらの場合、"SamLowe/roberta-base-go_emotions"がダウンロードされます。Google Colaboratoryを使っているのであれば、Googleのクラウド上にダウンロードされ、そしてコードはGoogleクラウド上で実行されます。自分のパソコンにインストールしたAnacondaなどで実行しているのであれば、モデルがまず自分のパソコンにダウンロードされてから実行されます。そのため、モデルによっては、実行に GPUを必要とすることがあり、その場合、ダウンロードしたAIモデルを試すのが難しいこともあります。これに対してAPIでは、モデルはダウンロードされず、Hugging Faceのクラウド上で命令が実施されます。

　ちなみにPayloadというのは、APIリクエストやレスポンスにおいて送受信される実際のデータを指します。APIを通じてシステム間でやり取りされる情報の「荷物」や「積み荷」と考えることができます。Payloadのフォーマット形式はJSONです。JSONはPython言語でいう辞書として操作することができます。

　Hugging Faceに公開されているAIモデルをAPI経由で利用したい場合、エンドポイントを確認する必要がありますが、エンドポイントはモデルのIDごとに異なります。

```
ENDPOINT = https://api-inference.huggingface.co/models/<MODEL_ID>
```

　<MODEL_ID> とある部分を置き換えます。ここで紹介した例であれば、**開発者名/モデル名** すなわち **/SamLowe/roberta-base-go_emotion** となります。

　詳細はHugging Faceの公式マニュアルを確認してください。

● Hugging Face manual
　URL https://huggingface.co/docs/api-inference/index

CHAPTER 04

言語生成AI応用例

OpenAI Assistant API

CHAPTER 03においてOpenAI APIの取得方法を説明し、実行例を紹介しました。ここでは、OpenAI APIの活用について解説します。

OpenAI社が2023年11月6日に開催した「OpenAI Dev Day 2023」という発表会でAssistants APIが紹介されました。これはCHAPTER 02で紹介したWeb版ChatGPTのGPTsを、APIという仕組みで作成する方法ということができるでしょう。

また、Assistant APIは、「素」のOpenAI APIよりも使いやすいです。たとえばCHAPTER 02でOpenAI APIでAIに質問する方法を紹介しました。

```
from openai import OpenAI
client = OpenAI(api_key="ここに取得したAPIキーを入力")

response = client.chat.completions.create(
  model="gpt-3.5-turbo",
  messages=[
    {"role": "system", "content": "あなたは日本の株式の会社の会計担当者です。"},
    { "role": "user", "content": "インボイスとはなんですか？" }]
)
```

この会話に続けて、「（インボイス）の具体的な手順を教えてください」と質問したとします。すると、AIの回答は次のようなものになるでしょう。

> 具体的な文脈がないため、具体的なアドバイスは提供できませんが、一般的なアドバイスとしては以下のようなことが考えられます。1. 問題の背景や目的を明確にする：何を解決しようとしているのか、どのような結果を得たいのかを明確にしましょう。2. 情報を収集する：問題解決に必要な情報を調査しましょう。関連するデータ、知識、経験などを収集し、問題をより深く理解することが重要です。

AIは、直前の会話を覚えていないのです。では、直前までの会話のやり取りに合わせて新たな回答を得るにはどうすればいいのでしょうか。それは、直前の会話を添えて、改めて質問を送ることになるのです。コードでいうと、次のように命令を書くことになります。

```
response = openai.chat.completions.create(
  model="gpt-3.5-turbo",
  messages=[
    # システム設定
    { "role": "system", "content": "あなたは日本の株式の会社の会計担当者です。"},
```

```
# 最初の質問
{"role": "user", "content": "インボイスとはなんですか？"},

# 上記の質問に対するAIの回答と、それに対するユーザーの質問を追加する
{"role" : "assistant", "content": "インボイスは、商品やサービスの提供に
関連する請求書のことです。通常、販売者が顧客に対し、提供した商品やサービスの
代金支払いを要求するために使用されます。インボイスには、販売者の連絡先情報、
請求金額、支払い期限などが記載されています。また、企業間の取引では税金や関税
の計算にも使用されることがあります。インボイスは販売者の売上や買い手の支出を
正確に追跡するために重要な文書です。" },
{"role": "user", "content": "つまり、どうすればいいですか？"},
]
)
```

　これを会話が進むたびに繰り返すことになります。毎回、質問を送り、回答を得るたび
に、このように messages に誰("role")が、どのように回答したか("content")を追加し
ていく必要があるのです。こうした会話履歴を**コンテキスト**といいます。Pythonでは会
話履歴を保存するリストを用意し、会話のやり取りのたびに新しいコンテキストを追加する
という処理を行います。次はその実装例です。

```
from openai import OpenAI
# APIキーを設定
client = OpenAI(api_key = "ここに取得したAPIキーを入力")
# メッセージを記録するリストを用意し、最初にシステムロールを加える
messages = [
    {"role": "system", "content": "回答は50文字程度にする\n"}
]

# 以下、ユーザーがexitと入力するまで、会話履歴（コンテキスト）を追加していく
while True:
    # ユーザーに質問を促す
    user_prompt = input("質問を入力してください（'exit'を入力してenterキー
を押すと会話を終了します）: ")

    # exit と入力された場合の処理（会話を終了）
    if user_prompt.lower() == 'exit':
    # ここまでのコンテキストをすべて出力する
        for message in messages:
            print(message)
        break

    # ユーザーの質問を role User としてコンテキストに追加保存
```

```
messages.append({"role": "user", "content": user_prompt})                    ▼

# コンテキストを使って質問を送る
completion = client.chat.completions.create(
    model="gpt-3.5-turbo",
    messages=messages
)

# AIの回答
model_response = completion.choices[0].message.content
print(model_response)

# アシスタントの回答を role assistant としてコンテキストに追加保存
messages.append({"role": "assistant", "content": model_response})
# exit が入力されるまで繰り返す
```

やや長いコードですが、要は **messages** にそれまでの会話の履歴(コンテキスト)を蓄積していくわけです。

OpenAI APIではトークンごとに課金されます。これは、毎回、`openai.chat.completions.create()` で送信するトークン数の合計と、新たにAIが返すトークン数の合計分だけ課金されることになります。ここで会話の冒頭の"インボイスとはなんですか? "は毎回、改めて送信されるので、そのたびに課金されることになるので注意してください。OpenAIのAPIではトークン数で課金されるため、追加で尋ねる質問そのものが短くとも、会話が長く続く場合、質問と回答の蓄積が毎回送信されるため意外に料金がかかることになります。

過去メッセージの蓄積(コンテキスト作成)については、Assistant APIを使うことで自動的に処理が行われます(Assistant APIを利用することでトークンへの課金額が減るわけではありません)。

Assistant APIの利用手順

Assistant APIでは次の手順でAIとのやり取りを行います。

1 Assistantの作成

2 Threadの作成

3 ThreadへのMessageの追加

4 Assistantの実行

5 Run Statusの確認

6 Responseの取得

以降で順に見ていきます。Google Colaboratoryで新しいノートブックを作成します。タブが新たに開いて新規ノートブックが用意されるので、「+コード」をクリックして、以降で紹介するコードを入力していきます。なお、本書用のサンプルを用意しているので、そのURLをクリックして開いても構いません。その場合は、コードセルの左端の実行ボタンを押すだけです。

● 第4章OpenAI Assistant APIによるRAG.ipynb

URL https://colab.research.google.com/drive/
1nUlULOCxutMVDeilrLLF9ARWJq6yYFbd?usp=sharing

▌▌Assistantの作成

まずAIとの対話を行うエージェントを作成します。ここでエージェントとは、要するにAIとの対話を管理するアプリケーション程度の意味で理解しておいてください。作成の際には、エージェントの名称、その説明、利用する言語モデル、エージェントに与えておきたい背景設定、そしてエージェントの仕事の内容を指定します。

仕事の内容は **tools** という引数に指定します。2024年5月現在、指定できるのは **"code_interpreter"** と **"retrieval"** です（後述しますが、他にユーザーが作成した関数を指定する方法は別に用意されています）。

前者はAssistant APIでPythonのコードを動かす設定であり、後者は外部データを参照することを指定します。**tools=[{"type": "code_interpreter"}, {"type": "retrieval"}],** とすると両方を指定したことになります。なお、これらを指定して、関連する処理が行われた場合、トークンとは別に課金されるので注意してください。

● Assistant API tools

URL https://platform.openai.com/docs/assistants/tools/

● OpenAI社価格プラン

URL https://openai.com/pricing#language-models

ここでAPIキーを設定する方法を変更しましょう。Google Colaboratoryには、非公開にすべきキー情報をノートブックに表示さずにセットする方法が用意されてます。Google Colaboratoryの左に表示されているカギのアイコンをクリックし、「+新しいシークレットを追加」をクリックします。ここで右の入力欄にAPIキーを、左にはその名前（ここでは `'OPENAI_API_KEY'` とします）を用意して保存し、左端のアクセスを青色にしておきます。

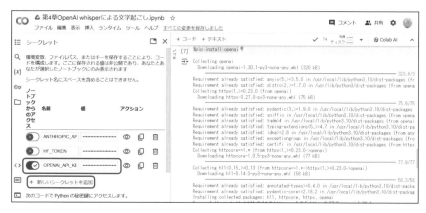

次のコードを実行すると、シークレットキーがセットされます。

```
from openai import OpenAI
from google.colab import userdata
client = OpenAI(api_key=userdata.get('OPENAI_API_KEY'))
```

さて、APIキーをセットした `client` を作成したら、次のコードを実行します。

```
# Assistantの作成
my_assistant = client.beta.assistants.create(
    name="とくしまリスキル",
    description="生成AIについて回答してくれるAI",
    model="gpt-4-1106-preview",
    instructions="あなたはAIについて詳しいアシスタントです。AIについて尋ねられたら高校生でもわかるように説明してください",
    tools=[{"type": "code_interpreter"}],
)
assistant_id = my_assistant.id
print(assistant_id)
```

```
asst_A59IZaynYXG4KxFs35gaOlOb
```

Assistantのidは、明示的に削除する場合には必要となるので、保存しておきます（API Assistantポータルでも削除できます）。

III Threadの作成

Threadとは、会話ごとに用意される実行環境で、ここに会話履歴が自動的に保存されていきます。

```
# Threadの作成
my_thread = client.beta.threads.create()
thread_id = my_thread.id
print(thread_id)
```

```
thread_KPcdL25nUrA5KloKmlZBq1Mk
```

Threadのidも削除するには必要となるので、保存しておきます(こちらもAPI Assistantポータルで削除できます)。

III Messageの作成

作成したThreadに、ユーザーの最初のメッセージをセットしてみましょう。

```
# 最初のメッセージの設定
client.beta.threads.messages.create(
    thread_id=thread_id,
    role="user",
    content="生成AIを利用することで注意すべきことを100文字程度で教えて",
)
```

```
ThreadMessage(id='msg_OMuOSAePD5zx8O9vSiyN4TrZ', assistant_id=None, cont
ent=[MessageContentText(text=Text(annotations=[], value='生成AIを利用す
ることで注意すべきことを100文字程度で教えて'), type='text')], created_
at=1708759440, file_ids=[], metadata={}, object='thread.message',
role='user', run_id=None, thread_id='thread_KPcdL25nUrA5KloKmlZBq1Mk')
```

III Assistantの実行

この段階では、まだAIとの対話が行われていません。実行(run)が必要です。

```
# Assistantの実行
run = client.beta.threads.runs.create(
    thread_id=thread_id,
    assistant_id=assistant_id,
)
run_id = run.id
print(run_id)
```

```
run_Pyga6ABgQwY7GleVDfhNUCzZ
```

　実行のidは、下記で示すように、実行のステータスを確認するために保存します。

▍Runステータスの確認

　実行状況を表すステータス情報が返されているので確認します。in progressの場合は、まだサーバーとのやり取りが終わっていません。completedが返るまで一定間隔で実行を繰り返して待ちます。

```python
# Runのステータスの確認
run_retrieve = client.beta.threads.runs.retrieve(
    thread_id=thread_id,
    run_id=run_id,
)
print(run_retrieve.status)
```

```
completed
```

　completedの場合は、サーバーとのやり取りが完結しており、AIからの返答が、送信した履歴に追加されています。会話（メッセージ）履歴の蓄積状況を確認してみます。

```python
messages = client.beta.threads.messages.list(
    thread_id=thread_id
)
print(messages.data)
```

```
[ThreadMessage(id='msg_vrWcYtg6BoVaETSNX4X4uyNe', assistant_id='asst_
A59IZaynYXG4KxFs35ga0l0b', content=[MessageContentText(text=Text(annotatio
ns=[], value='生成AIは間違った情報を作る可能性があるので、出典を確認し、信頼で
きるデータにもとづいているかを常に意識することが大切です。'), type='text')],
created_at=1708759450, file_ids=[], metadata={}, object='thread.message',
role='assistant', run_id='run_Pyga6ABgQwY7GleVDfhNUCzZ', thread_id='thread_
KPcdL25nUrA5KloKmlZBq1Mk'), ThreadMessage(id='msg_OMuOSAePD5zx809vSiyN4TrZ',
assistant_id=None, content=[MessageContentText(text=Text(annotatio
ns=[], value='生成AIを利用することで注意すべきことを100文字程度で教え
て'), type='text')], created_at=1708759440, file_ids=[], metadata={},
object='thread.message', role='user', run_id=None, thread_id='thread_
KPcdL25nUrA5KloKmlZBq1Mk')]
```

　会話（メッセージ）の部分だけを取り出してみます。

```python
for message in messages.data:
    print(message.content[0].text.value)
```

生成AIは間違った情報を作る可能性があるので、出典を確認し、信頼できるデータに
もとづいているかを常に意識することが大切です。
生成AIを利用することで注意すべきことを100文字程度で教えて

この場合、上のメッセージが最新で、下にいくほど古いメッセージになります（後で表
示順を変えてみます）。

なお、この段階でOpenAI APIサイトにアクセスしてみると、ここまで作成した
AssistantとThreadが登録されているのが確認できます。

さらに会話を進めてみましょう。

```
# メッセージを追加（会話履歴、すなわちコンテキストに追加されていく）
client.beta.threads.messages.create(
    thread_id=thread_id,
    role="user",
    content="信頼できるデータにもとづいているかどうかを調べる方法を教えてく
ださい。",
)
```

```
ThreadMessage(id='msg_vd26Tl7fyGTg3R6aHzRRvjbm', assistant_id=None, content=
[MessageContentText(text=Text(annotations=[], value='信頼できるデータにもと
づいているかどうかを調べる方法を教えてください。'), type='text')], created_
at=1708760730, file_ids=[], metadata={}, object='thread.message', role='user',
run_id=None, thread_id='thread_KPcdL25nUrA5KloKmlZBq1Mk')
```

コンテキストが追加されたので、改めてThreadを実行して、AIの回答を受け取ります。
実行後、ステータスを確認します。

```
# Threadに改めて質問を送る
run = client.beta.threads.runs.create(
    thread_id=thread_id,
    assistant_id=assistant_id,
)
run_id = run.id
print(run_id)
```

```
run_y1J1L1GC3nKqf98Zx55wNyAG
```

実行状況(run)を確認します。

```
# 実行ステータスの確認
run_thread = client.beta.threads.runs.retrieve(
    thread_id=thread_id,
    # 実行処理のidを指定
    run_id=run_id,
)
print(run_thread.status)
```

```
completed
```

completedとなるのが確認できたら、会話履歴を表示してみます。

```
messages = client.beta.threads.messages.list(
    thread_id=thread_id
)
print(messages.data)
```

```
[ThreadMessage(id='msg_Ue3cJTI58aPMqLH5FWfzJLGr', assistant_id='asst_
A59IZaynYXG4KxFs35ga0l0b', content=[MessageContentText(text=Text(annotati
ons=[], value='信頼できるデータにもとづいているかを調べるには以下のステッ
プを踏むと良いです。\n\n1. **出典の確認**: データがどこから来ているのかを
確認します。公式統計、学術論文、認められた研究機関などからのデータは信頼性
が高いとされます。\n\n2. **データの確認**: 提供されているデータそのものの
正確さや新しさをチェックします。時には第三者によるデータ検証や確認が求めら
れることも。\n\n3. **バイアスのチェック**: データが特定のバイアスを持たず、
公平に収集されているかを考えます。たとえば、ある特定のグループにのみ焦点を
当てた調査データは偏っている可能性があります。\n\n4. **ピアレビュー**: 学
術的な内容の場合、ピアレビュー(同分野の専門家による評価)を受けた研究は信
頼性が高いとされます。\n\n5. **相互検証**: 別の情報源による裏付けがあるか
どうかを調べます。複数の信頼できる情報源から同じデータや結論が出されてい
れば、その情報は信頼できる傾向にあります。\n\n6. **透明性の確認**: データ
```

収集と分析のプロセスが透明で、第三者が該当プロセスを追うことができる場合、データの信頼性は高まります。\n\n7. **サンプルサイズと方法論**: 研究や調査のサンプルサイズが足りているか(大きいほど一般に良い)、方法論が科学的な厳密さにもとづいているかも重要なチェックポイントです。\n\n8. **クロスチェック**: 複数のデータソースと情報をクロスチェックすることで、一貫性の確認と、誤情報やデータの誤解釈を避けることができます。\n\n常に批判的な思考を持ち、情報を受け入れる前にこれらのステップを踏むことで、信頼性の高いデータを選び出すことができるようになります。ここで紹介する基準やチェックリストを使ってデータを分析する際には注意深く進めることが求められます。'), type='text')], created_at=1708760929, file_ids=[], metadata={}, object='thread.message', role='assistant', run_id='run_y1J1L1GC3nKqf98Zx55wNyAG', thread_id='thread_KPcdL25nUrA5KloKmlZBq1Mk'), ThreadMessage(id='msg_vd26Tl7fyGTg3R6aHzRRvjbm', assistant_id=None, content=[MessageContentText(text=Text(annotations=[], value='信頼できるデータにもとづいているかどうかを調べる方法を教えてください。'), type='text')], created_at=1708760730, file_ids=[], metadata={}, object='thread.message', role='user', run_id=None, thread_id='thread_KPcdL25nUrA5KloKmlZBq1Mk'), ThreadMessage(id='msg_vrWcYtg6BoVaETSNX4X4uyNe', assistant_id='asst_A59IZaynYXG4KxFs35gaOlOb', content=[MessageContentText(text=Text(annotations=[], value='生成AIは間違った情報を作る可能性があるので、出典を確認し、信頼できるデータにもとづいているかを常に意識することが大切です。'), type='text')], created_at=1708759450, file_ids=[], metadata={}, object='thread.message', role='assistant', run_id='run_Pyga6ABgQwY7GleVDfhNUCzZ', thread_id='thread_KPcdL25nUrA5KloKmlZBq1Mk'), ThreadMessage(id='msg_OMuOSAePD5zx809vSiyN4TrZ', assistant_id=None, content=[MessageContentText(text=Text(annotations=[], value='生成AIを利用することで注意すべきことを100文字程度で教えて'), type='text')], created_at=1708759440, file_ids=[], metadata={}, object='thread.message', role='user', run_id=None, thread_id='thread_KPcdL25nUrA5KloKmlZBq1Mk')]
```

　メッセージ部分だけを取り出します。ここでは、会話の新しいほうから古いほうに表示することにします(降順に表示)。

　`message.data` はPythonのリストなので、ブラケットの内部に2つのコロンを置き、最後に `-1` を指定すると、逆順に取り出すことになります。

```
for message in messages.data[::-1]:
    print(message.content[0].text.value)
    print("----------------------")
```
```

生成AIを利用することで注意すべきことを100文字程度で教えて

生成AIは間違った情報を作る可能性があるので、出典を確認し、信頼できるデータに
もとづいているかを常に意識することが大切です。

信頼できるデータにもとづいているかどうかを調べる方法を教えてください。

信頼できるデータにもとづいているかを調べるには以下のステップを踏むと良いで
す。

1．**出典の確認**：データがどこから来ているのかを確認します。公式統計、学術
論文、認められた研究機関などからのデータは信頼性が高いとされます。

2．**データの確認**：提供されているデータそのものの正確さや新しさをチェック
します。時には第三者によるデータ検証や確認が求められることも。

3．**バイアスのチェック**：データが特定のバイアスを持たず、公平に収集されて
いるかを考えます。たとえば、ある特定のグループにのみ焦点を当てた調査データは
偏っている可能性があります。

4．**ピアレビュー**：学術的な内容の場合、ピアレビュー（同分野の専門家による評
価）を受けた研究は信頼性が高いとされます。

5．**相互検証**：別の情報源による裏付けがあるかどうかを調べます。複数の信頼
できる情報源から同じデータや結論が出されていれば、その情報は信頼できる傾向に
あります。

6．**透明性の確認**：データ収集と分析のプロセスが透明で、第三者が該当プロセ
スを追うことができる場合、データの信頼性は高まります。

7．**サンプルサイズと方法論**：研究や調査のサンプルサイズが足りているか（大
きいほど一般に良い）、方法論が科学的な厳密さにもとづいているかも重要なチェッ
クポイントです。

8．**クロスチェック**：複数のデータソースと情報をクロスチェックすることで、
一貫性の確認と、誤情報やデータの誤解釈を避けることができます。

常に批判的な思考を持ち、情報を受け入れる前にこれらのステップを踏むことで、信
頼性の高いデータを選び出すことができるようになります。ここで紹介する基準や
チェックリストを使ってデータを分析する際には注意深く進めることが求められま
す。

OpenAI API Webインターフェイスでは、次のようにメッセージが蓄積されているのが確認できます。

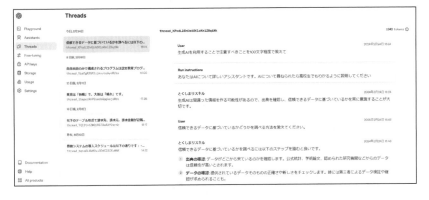

III Threadの削除とAssistantの削除

ThreadとAssistantは必要でなければ明示的に削除できます。OpenAI APIのポータルで削除することもできますが、Pythonのプログラムで削除することもできます。その際には、それぞれのidを指定します。

```python
# まず Threadのidを指定して削除
thread_deletion_status = client.beta.threads.delete(thread_id)
print(thread_deletion_status)
```

```
ThreadDeleted(id='thread_KPcdL25nUrA5KloKmlZBq1Mk', deleted=True, object=
'thread.deleted')
```

```python
# 次にAssistantのIDを指定して削除
assistant_deletion_status = client.beta.assistants.delete(assistant_id=
assistant_id)
print(assistant_deletion_status)
```

```
AssistantDeleted(id='asst_A59IZaynYXG4KxFs35gaOlOb', deleted=True, object=
'assistant.deleted')
```

なお、Threadに保存されたメッセージのすべてがコンテキストとして利用されるわけではありません。Assistant APIでは蓄積されるトークン量は自動的に制御されます。

コンテキスト全体のトークン数には制限があり、これを超える場合、古いほうから順に削除されていきます。

独自データの追加

ChatGPTは大量の文書を学習したAIモデルです。しかし、学習している内容はある時点までに限られます。2024年5月時点では、有料版のgpt-4-turboでは2023年4月までの情報に基づいて学習されています。

また、インターネットなどに公開されていない内容については知識を持ちません。

たとえば、ある会社には長年培った独自の採用方針があり、人事課ではこの原則に基づいて応募者を選別しているとします。人事課に配属された担当者は、この採用方針に熟知する必要がありますが、その文書は数百ページにも及ぶため、参照するのも大変だという状況を想定しましょう。また、この採用方針を記した文書は、人事課以外の社員には閲覧が許されておらず、当然、OpenAIの学習データとして利用されていません。そのため、社内の人事規則についてAIに質問しても、求めるような回答は返ってきません。

しかしながら、言語モデルに、公開されていない文書に基づいて答えを生成させる方法があります。代表的な方法はファインチューニングとRAGです。

■ ファインチューニングとは

ファインチューニングは、事前に訓練された言語モデル（OpenAIだとgpt-3.5やgpt-4）を特定のタスクやデータセットに合わせて再調整するプロセスです。これにより、事前訓練されたモデルの知識を保持しつつ、新しいタスクでも性能が出るようにモデルを最適化できます。ただし、ファインチューニングのために十分な質と量のデータが用意できない場合、モデルがトレーニングデータに過剰に適応してしまう可能性があります。

また、ファインチューニングにより必ずしも期待するような性能が実現できるわけではありません。さらに、ファインチューニングを適切に調整するには、専門的な知識と技術が必要になることがあります。

■ RAG（Retrieval-Augmented Generation）とは

gpt-3.5などの大規模言語モデルが学んでいない情報は別に与えてしまうというのがRAGです。ユーザーが質問をすると、まずその質問に関連しそうな情報を別のリソースで検索し、関連ありそうな情報を取り出して、ユーザーの質問とともに大規模言語モデルに送信します。大規模言語モデルは、ユーザーの質問と関連情報を両方を判断して答えを返すわけです。

RAGはいわば情報検索（Retrieval）とテキスト生成（Generation）を組み合わせたアプローチといえます。この方法では、モデルが回答を生成する前に、インターネットを検索したり、あるいは関連するテキストや文書を登録したデータベースから見つけ出し、得られた情報を、ユーザーの質問文とともにAIに送付することで、適切な回答文が生成されるようにします。なお、モデルが学んでいない知識を外部情報に基づいて回答させることは**グラウンディング**（Grounding）とも呼ばれます。

ただし、RAGにはデメリットもあります。まず、情報を検索して組み込むプロセスが追加されるため、返答が生成されるのに時間がかかる可能性があります。このため、RAGを効果的に実装するには、情報検索とテキスト生成のそれぞれで技術的な問題が生じる可能性があります。さらに、検索された情報の品質が生成結果に直接影響するため、不正確な情報が組み込まれるリスクがあります。

ファインチューニングとRAGの比較

ファインチューニングが理想的な方法にも思えますが、しかしながら適切な文書などの情報を集め、かつその資料を入力データとして適当な形式にそろえる必要があり、これにはかなりの手間がかかります。さらにファインチューニングでは学習のためのリソース（コンピュータ環境）が必要です。具体的には、ファインチューニングの処理を行うためにGPUを搭載したパソコンを用意するか、GPUの利用が可能なクラウドサービスを使う必要があります。また、必要に応じて、学習設定を微調整する作業も生じます。こうした手間をかけたからといって、期待される効果が実現できるとは限りません。回答に倫理的あるいは法的に許容されない言葉が入り込む余地も生じます。ChatGPTなど、商業サービスとして提供されている言語モデルでは、そうしたセンシティブな回答が生成されないようにチューニングされています。

一方、RAGは言語モデルを再学習させることはありませんが、言語資料をデータベース化する作業と、質問を送るたびにデータベースを検索した結果を、質問文のコンテキストとして与えるというプロセスが必要になります。

ファインチューニングの実施

実はファインチューニングもRAGもOpenAIやMicrosoft Azureを使うと、かなり簡単に実現できるようになっています。いずれの場合でも、ポータル上で（つまりブラウザ上で）設定と実行が行えます。これとは別に、Pythonのコードを使ってリモートで（自分のパソコン環境から）ファインチューニングを行うこともできます。

たとえば、OpenAI APIポータルにアクセスすると、ファインチューニング用のメニューが用意されています。

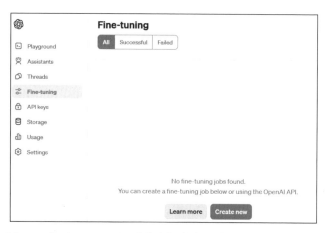

　本書では、ファインチューニングの実際を紹介することはしませんが、OpenAI API ポータルにおけるファインチューニングについては詳細な情報があります。

● OpenAI Fine Tuning

URL https://platform.openai.com/docs/guides/fine-tuning

　また Microsoft Azure OpenAI Studioでは、ポータルのモデルに「カスタムモデルの作成」という機能が用意されています（ただし2024年2月現在、ファインチューニングが可能なリージョンは限定されています）。

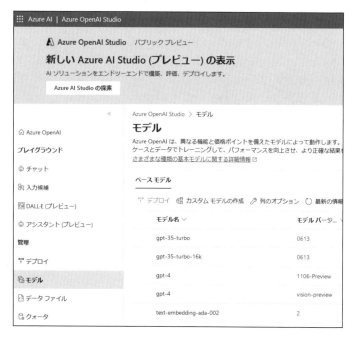

いずれも場合も、それぞれのサイトで指定されたフォーマットの学習用のデータを用意する必要はあります。

アップロードされた学習データは「モデレーションAPI」と「GPT-4を利用したモデレーションシステム」を通じて、OpenAIの安全基準でのチェックもなされます。手作業での微調整を行わないのであれば、学習プロセスそのものは、クラウドに完全に任せることができます。ファインチューニングでは学習に関してトークン数あたりの費用が生じます。またファインチューニングされたモデルを利用する場合、入力と出力のそれぞれに対してトークン数あたりの課金がなされます。実用的なファインチューニングを行うには相応の文書量が必要になるため、ファインチューニングのコストは意外に高くつく可能性があります。

||| RAGの実施

一方、RAGについてもWeb版のChatGPT有料版（ChatGPT Plus）とOpenAI API、Microsoft Azureそれぞれのポータル上で構築する手段が用意されています。

▶ChatGPT Plus

ChatGPT有料版（ChatGPT Plus）では、myGPTを作るという方法でRAGを実現できます。以下の操作についてはCHAPTER 02の説明も参照してください。

「Configure」タブをクリックすると、下にファイルをアップロードするボタンがあります。2024年5月時点では、アップロードできるファイルの数は20、それぞれのファイルサイズは512MBに限定されています。

また、ファイルに基づいて答えてくれるように「Instruction」を指定しておきます。ここでは文部科学省が運用している「数理・データサイエンス・AI教育プログラム」認定制度への申請書作成要綱をデータベース化し、同制度への申請にかかる質問に回答するAIを構築してみましょう。

● 文部科学省が運用している「数理・データサイエンス・AI教育プログラム」認定制度
　URL　https://www.mext.go.jp/a_menu/koutou/

suuri_datascience_ai/00001.htm

　ちなみに「数理・データサイエンス・AI教育プログラム」認定制度とは、大学（大学院を除き、短期大学を含む）および高等専門学校の正規の課程で、学生の数理・データサイエンス・AIへの関心を高め、それを適切に理解し活用する基礎的な能力（リテラシーレベル）や、課題を解決するための実践的な能力（応用基礎レベル）を育成することを目的に、文部科学省が各大学・高専に導入を推奨している教育プログラムです。政府また文科省では、大学・高専を毎年卒業する約50万人の全員が、AIに関する基礎的知識と技術を在学中に学ぶことができる環境の実現を目指しています。

現在、認定制度には「リテラシーレベル」と「応用基礎レベル」の2つがありますが、ここでは「数理・データサイエンス・AI教育プログラム認定制度（応用基礎レベル）実施要綱 細則」のPDF文書（https://www.mext.go.jp/content/20210315-mxt_senmon 01-000020844_4.pdf）を利用します。

システムへの指示（instruction）として、たとえば次のように入力します。

> あなたは、文部科学省「数理・データサイエンス・AI教育プログラム認定制度」の担当者です。関連する質問は、資料20230303-mxt_senmon01-000020844_4.pdf「数理・データサイエンス・AI教育プログラム認定制度（応用基礎レベル）【 MDASH Advanced Literacy 】申請様式の記載要領」にもとづいて回答してください。わからない場合は「不明である」と答えてください。一般的な質問であればWEB検索してから回答を生成してください。

ここでは文科省の関連サイトに登録されているPDFファイルを参考資料としてアップロードするのですが、加えて「Capabilities」の欄で「Web Browsing」をONにし、Bing検索を有効にしています。これは必要があればChatGPTにインターネット検索を実施し、その結果に基づいて回答することを可能にする設定です。ただし、今回の場合、「AI教育プログラム認定制度」に関わる質問に対しては、アップロードされたファイルにもとづいてのみ回答するよう指示している点に注意してください。

なお、GPTsではアイコンの作成を任せることもできます。「Create」タブで次のプロンプトを送ります。

> AIあるいはデータサイエンスを想起させるイメージ画像を作って、アイコンとしてください。

最初に作成されたアイコンが気に入らなかったので、もう1枚作成し、それがアイコンとして設定されました。

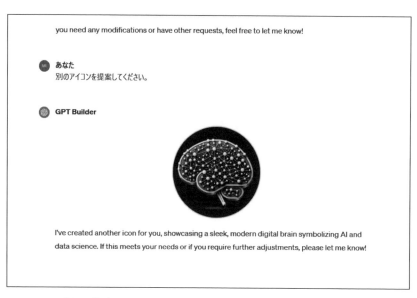

　myGPTsとして作成したチャットボットへのアクセス権は、デフォルトでは作成した本人のみですが、他に「URLを知るGPT Plusユーザー」「すべてのユーザー（GPTsでの一般公開）」を選ぶことができます。

▶OpenAI API

　一方、OpenAI APIでは、APIポータルの画面左にある「Playground」をクリックすると、やはりチャットボットの作成ができます。

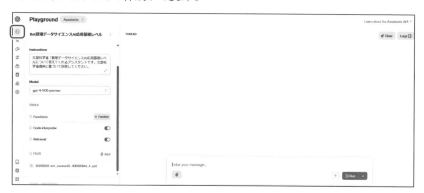

　こちらでは、言語モデルの指定ができます。

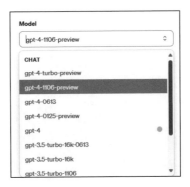

設定した言語モデルによってトーク数による課金額が変わってくるので注意してください。また、APIではアップロードしたファイルを利用すると、利用した日数単位で別に料金がかかります。

● OpenAI RAG費用

URL https://help.openai.com/en/articles/
8550641-assistants-api#h_061c53c67a

2024年3月の時点では、OpenAI公式の説明で文書検索（Retrieval）の課金の例として1GBのファイルをアップロードし、ChatGPTでこのファイルを参照した回答を行うと、1日あたり0.20ドルの料金が生じるとあります。

OpenAI APIで作成したRAGは、Assistant APIを通して利用できます。すなわち、Webページやアプリケーションから呼び出して使うことができます。

その点でエンドユーザーのアクセスは制限されませんが、APIでのやり取りにはAPIキーの指定が必要になります。

▶ Azure OpenAI Studio

Azure OpenAI Studioでも、ほとんど同じ手順でRAGを実現できます。ただし、Azureの場合、より細かい設定が可能です。特にAzureでは、文書検索の方法を選択できます。CHAPTER 03でAzure OpenAIリソースの作成方法を解説しました。ここでは、引き続き、Azure OpenAI StudioのPlaygroundでRAGを設定する方法を紹介します。

　まず「プロンプト」の横にある「データを追加する」タブをクリックし、「＋データソースの追加」ボタンをクリックします。

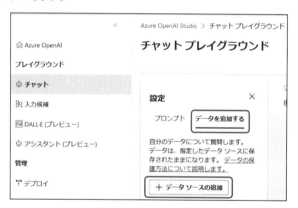

　Azureにおいては、先に文書類をデータベース（blob）に追加しておいて指定することも可能ですが、ここで新規に作成します。「Upload files」を選択します。サブスクリプションは既定のままとし、Azure Blobストレージは「新しいAzure Blob ストレージを作成する」をクリックします。

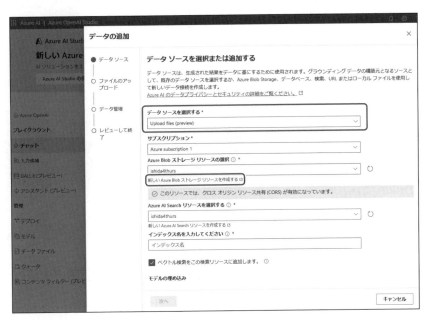

　ストレージアカウント名を英半角文字で指定し、また下の冗長性については、ここでは
「ローカル冗長ストレージ」を選択します。その他の設定については、デフォルトのままとし
て画面に従って設定を進めます。

最後に「作成」ボタンをクリックするとデプロイが開始されます。

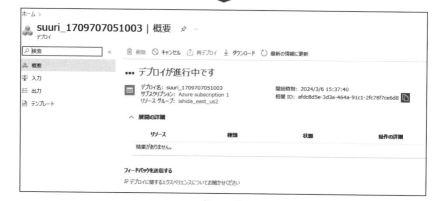

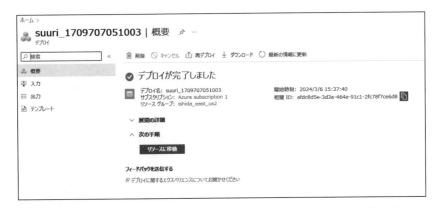

元の設定ダイアログの回転矢印を1回押すと、いま作成したストレージを選ぶことができます。また、アクセス許可を与えるため「CORSをオンにする」ボタンをクリックします。

データの追加

● データソース

○ ファイルのアップロード

○ データ管理

○ レビューして終了

データソースを選択または追加する

データソースは、生成された結果をデータに基にするために使用されます。グラウンディングデータの構築元となるソースとして、既存のデータソースを選択するか、Azure Blob Storage、データベース、検索、URL またはローカルファイルを使用して新しいデータ接続を作成します。

Azure AI のデータプライバシーとセキュリティの詳細をご覧ください。

データソースを選択する *

Upload files (preview)

サブスクリプション *

Azure subscription 1

Azure Blob ストレージ リソースの選択 ⓘ *

suuri

新しい Azure Blob ストレージ リソースを作成する

⊖ **Azure OpenAI には、このリソースにアクセスするためのアクセス許可が必要です**
Azure OpenAI が Azure サブスクリプションのストレージアカウントにアクセスするには、セキュリティ上の理由からアクセス許可が必要です。この機能の名前: クロス オリジン リソース共有 (CORS)。CORS を有効にしない場合は、別のストレージアカウントを選択するか、別のデータソースを選択して続行する必要があります。

CORS をオンにする

Azure AI Search リソースを選択する ⓘ *

選択...

新しい Azure AI Search リソースを作成する

インデックス名を入力してください ⓘ *

index

生成AIによる検索サービスであるAzure AI Searchをここで新規作成します。上図で「新しいAzure AI Searchリソースを作成する」をクリックします。

Azure AI Searchにはインデックス作成機能があり、これにより文章から特徴を抽出し、素早く検索結果を得られるようになります。文書のインデックス化では、日本語トークン化、ステミングと呼ばれる単語の原型化（「買った」を「買う」と「た」に分割する）、助詞のように文書内容そのものには関係しないと思われる語（ストップワード）の除去などの処理が行われます。これにより、従来のキーワード検索とは異なり、文書の意味に基づく検索が可能になります。

ただし、日本語トークン化などの処理は、2024年時点ではデフォルトの設定を変更する必要があります（本章の後編で行います）。デフォルトでは文書は「英語」であるという想定でインデックス化が行われます。この場合、日本語の文章は、ほとんど文字単位で分割されてしまいますが、それでも、検索結果の回答はそれなりに実用的なレベルで返ってきます。

なお、Azure AI Searchは利用した分だけ課金されます。インデックスの作成、ストレージ（保存スペースの利用）、検索の実行に応じて時間単位で料金が発生します。ここでは、価格レベルは基本（B）に選択を変えます。

その後、画面に従って設定を進め、作成ボタンをクリックするとデプロイされます。

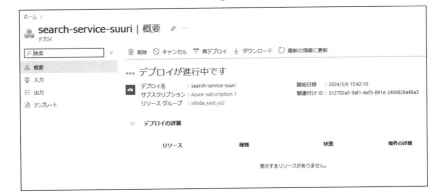

　「Azure AI Searchアカウントに接続すると、アカウントが使用されるようになることに同意します」をONにします。この意味は、さしあたり、Azure AI searchの利用によって課金が発生することを理解したということだと考えてください。「次へ」ボタンをクリックし、ファイルのアップロードに進みます。

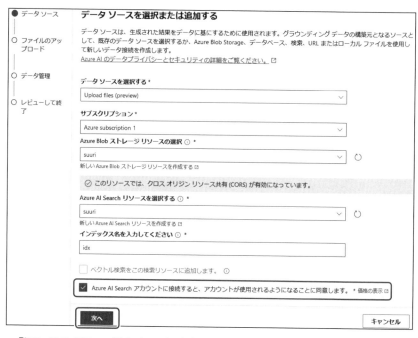

　「ドラッグアンドドロップまたはファイルを参照する」にアップロードするファイルをドラッグし、「ファイルのアップロード」ボタンをクリックします。

「ファイルは正常にアップロードされました。」と表示されたら、アップロードは完了です。「次へ」ボタンをクリックします。

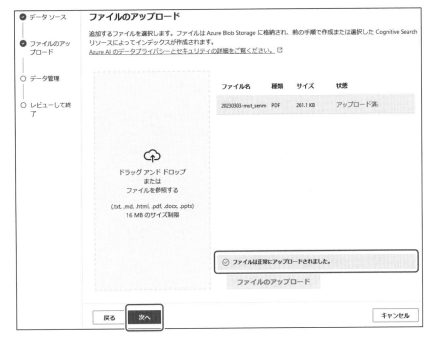

「データ管理」については、ここでは検索の種類は「キーワード」となります。少し前に紹介したようにAzure AI Searchの優れた点は、文章の意味を考慮した検索ができることです。これをセマンティック検索といいます。セマンティック検索を可能にするには、デフォルト設定を変更する必要があります。これについては本書の後半で紹介します。ここでは「キーワード」のまま先に進みます。

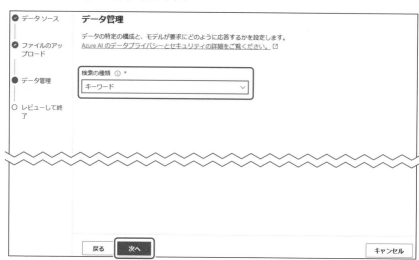

これで設定が終わります。「保存して閉じる」ボタンをクリックします。

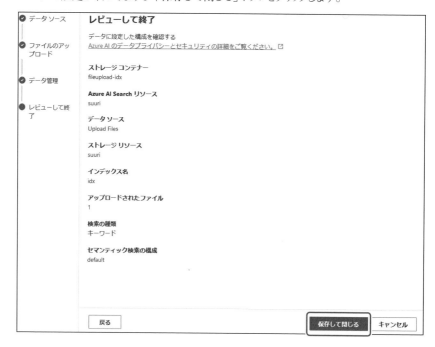

アップロードしたファイルの処理（インジェスト）が続きます。

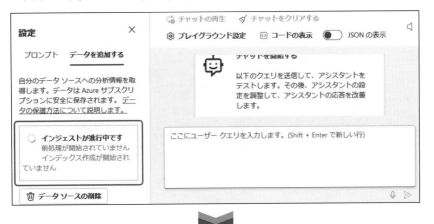

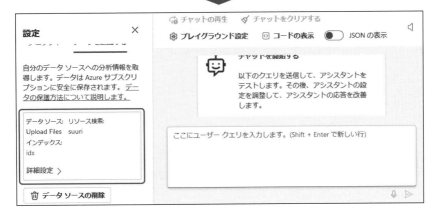

　処理が終わったら、「プロンプト」タブのシステムメッセージを指定します。ここでは、アップロードしたファイルに基づいて回答が行われように指定しています。

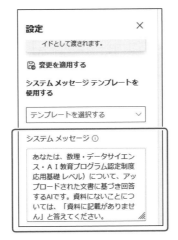

試してみると、確かにアップロードされた資料に基づいた回答が得られています。

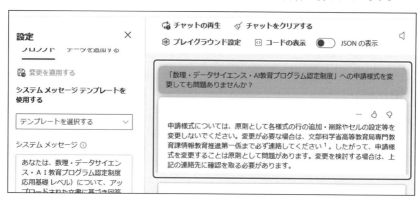

ここで作成したRAGはWebアプリにデプロイできます。

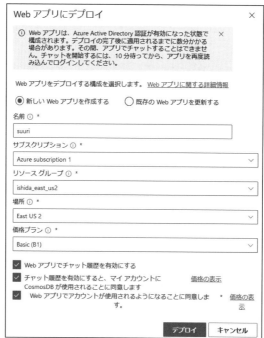

しばらく時間がかかりますが、Webアプリとして利用できるようになります。

極めてシンプルなインターフェイスですが、アップロードした文書についてAIに尋ねることができるようになっています。

テストを終えたら、Webアプリを停止させるのを忘れないようにしてください。そのまま稼働させると課金が発生し続けます。また、ストレージ（アップロードファイルの保存スペース）はそのまま課金され続けます。ホームで「App Service」を検索して、いま作成したWebアプリを停止・削除し、また「ストレージアカウント」、「AI Search」それぞれで該当する項目を削除しましょう。

Azureではリソースごとに課金が行われます。その種類や詳細については、Microsoftの公式サイトで確認してください。

● Azure

URL https://azure.microsoft.com/ja-jp/pricing/calculator/

Azureハイブリッド検索

先ほどAzure OpenAIでRAGを構築した際、検索方法としてキーワード検索を選択しました。実は、文書検索には他により精度の高い方法があります。Azureでは下記を選択肢とすることができます。

- キーワード検索
- ベクトル検索 (Ada-002)
- ハイブリッド検索 (キーワード + ベクトル)
- ハイブリッド検索 + セマンティックランキング

ベクトル検索とは、単語や意味の類似性を考慮した検索を行う方法になります。文書検索でベクトルとは、文章をエンベッディング（ベクトル化）することで得られた数値の集合を意味します。文章をベクトルに変換する（エンベッディングする）方法には、WordVectorやTransformerが使われます。

エンベッディングの例としてWordVectorについて紹介しましょう。

WordVector

WordVectorとは単語を複数の数値、すなわちベクトルで表す方法です。この方法によって単語の意味が数値化されていると考えられます。そのため、単語どうしの足し算や引き算ができるようになります。有名なのはking（王様）からman（男性）を引いて、woman（女性）を足すとqueen（女王）が得られることです。

これは**分布仮説**という考え方に基づいています。分布仮説は、似たような文脈に現れる単語には意味が類似していると考えるものです。たとえば「パンを食べた」と「ご飯を食べた」という2つの文章は、何かを食べたことを表しています。すると「を食べた」の前に出現する単語は「食べられるもの」という点で似ていると考えるわけです。

東北大学の鈴木研究室で公開している「日本語 Wikipedia エンティティベクトル」モデルは、特に地名や人名、概念の意味を学習させた単語ベクトルで、誰でも利用することができます。

- 日本語 Wikipedia エンティティベクトル
  URL https://www.cl.ecei.tohoku.ac.jp/~m-suzuki/jawiki_vector/

本書には掲載しませんが、サポートサイトに利用方法を紹介したGoogle Colaboratoryノートブックを用意しています。公開されているデータのダウンロードと展開（解凍）にかなり時間がかかりますが、ぜひ、試してみてください。

- Google Colab ノートブック 第4章WordVector.ipynb
  URL https://colab.research.google.com/drive/
  1mMRWB2oyN2nfYFoGj9ZVrXRpkE1pU6Ee?usp=sharing

このモデルを使うと、次のような「計算」を行うことができます。

- 東京 － 日本 ＋ フランス ＝ パリ
- 阿波踊り － 徳島 ＋ 高知 ＝ よさこい踊り
- ワイン － フランス ＋ 日本 ＝ お茶

ちなみに各単語は200次元のベクトルで表現されています。「ワイン」も200個の数値で表されています。そのそれぞれの数値が、何かの意味を表しているだと考えることも可能ですが、人間には理解できるものではありません。

OpenAIのAPIでは文章レベルでエンベッディングが行われます。エンベッディングに使われているモデルは2024年2月の時点では `"text-embedding-ada-002"` です。このモデルでは、文章は1536次元のベクトルに変換されます。長い文章であろうと、短い文章であろうと、それぞれが1536個の数値で表現されるというわけです。ある文章と別の文章で互いの意味内容が似通っている場合、それぞれの1536個の数値が互いに近い値になると期待されますが、それぞれの数値が何を意味しているのかは、我々人間にも判別できません。

Azureでは下記の手順でハイブリッド検索が可能になります。Azure Portalから操作してみます。

ホーム ＞

検索サービスを作成する …

基本　スケール　ネットワーク　タグ　確認および作成

プロジェクトの詳細

サブスクリプション *　　　　Azure subscription 1

　└ リソース グループ *　　ishida_east_us2
　　　　　　　　　　　　　　新規作成

インスタンスの詳細

サービス名 * ⓘ　　　　　ishida-east2

場所 *　　　　　　　　　East US 2

価格レベル * ⓘ　　　　**基本**
　　　　　　　　　　　　2 GB、最大 3 個のレプリカ、最大 1 個のパーティション、最大 3 個の検索ユニット
　　　　　　　　　　　　価格レベルの変更

確認および作成　　前へ　　次: スケール

ここでも文部科学省のサイトに公開された、「数理・データサイエンス・AI教育プログラム認定制度(応用基礎レベル)実施要綱細則」のPDF文書を検索対象とします。

- 「数理・データサイエンス・AI教育プログラム認定制度(応用基礎レベル)実施要綱細則」
  URL https://www.mext.go.jp/content/20210315-mxt_senmon01-000020844_4.pdf

適宜ダウンロードしておいてください。このファイルをアップロードするためのストレージアカウントを用意します。ここではストレージアカウント名を `oyokiso` としました。地域(リージョン)はリソースグループと同じにしておきます。冗長性レベルはLRSに変更しておきます。設定したら、「確認と作成」ボタンをクリックします。

設定内容を確認し、「作成」ボタンをクリックします。

ストレージアカウントが作成されました。

PDFファイルをアップロードするためのコンテナを用意します。

新規コンテナを oyokiso として作成します。

コンテナを用意したらPDFファイルをアップロードします。

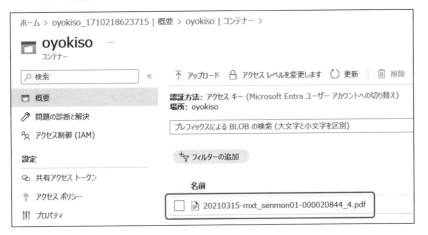

先に作成したAI Search monkapdfを開き、「データのインポートとベクトル化」をクリックします。

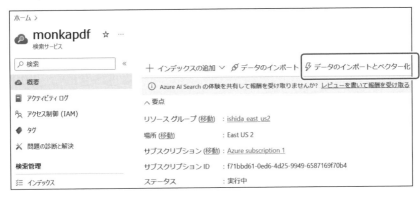

次の画面で、「サブスクリプション」とBlobの設定を確認して、「次へ」ボタンをクリックします。

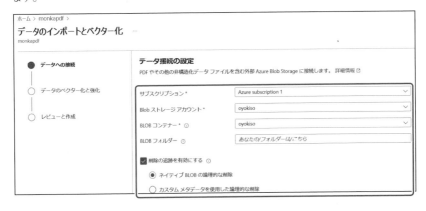

エンベッディングモデルとして、OpenAI Studioでデプロイした「text-embedding-ada-002」を指定します。「次へ」ボタンをクリックします。

プレフィックスを変更して、ダイアログ右下のボタンをクリックして次に進みます。

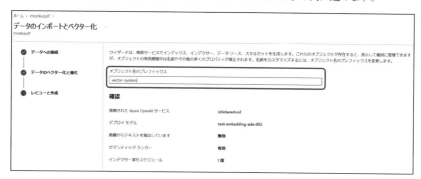

実行してしばらく待ち、フィールドやセマンティック構成を確認します。

120

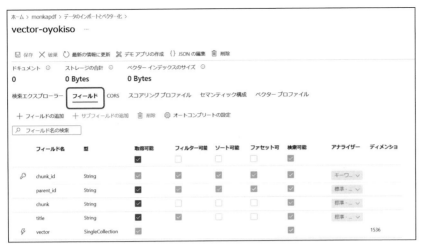

　アナライザーの項目が「標準」となっているのは、英語のことです。これを日本語に作り
変えます。

　インデックスの「JSONの編集」をクリックします。

左のコード全体を範囲指定し、コピーします。カーソルをどこかにあて、Ctrlキーを押しながらAキーを押すとすべて範囲指定できるので、次にCtrlキーとCキーを押してコピーします。メモ帳などを起動して新規作成したテキストページにペーストしておきます。

インデックスに戻り、全体を削除します。

「インデックスの追加」をクリックし、「インデックスの追加（JSON）」を選択します。

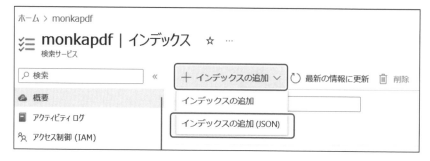

　右のエディタ欄をすべて削除します。行頭の `{}` を消すことができなければ、改行して下に先ほどのJSONを貼り付けた上で、行頭に戻り1行目の `{}` を削除します。`title` と `chunk` の `analyzer` の `null` を `"ja.microsoft"` に置き換えます。これにより日本語の文章の解析に適したインデックス化を行うことができます。

```
インデックスの追加 (JSON)                                    ✕

40    },
41    {
42      "name": "chunk",
43      "type": "Edm.String",
44      "searchable": true,
45      "filterable": false,
46      "retrievable": true,
47      "sortable": false,
48      "facetable": false,
49      "key": false,
50      "indexAnalyzer": null,
51      "searchAnalyzer": null,
52      "analyzer": "ja.microsoft",
53      "normalizer": null,
54      "dimensions": null,
55      "vectorSearchProfile": null,
56      "synonymMaps": []
57    },
58    {
59      "name": "title",
60      "type": "Edm.String",
61      "searchable": true,
62      "filterable": true,
63      "retrievable": true,
64      "sortable": false,
65      "facetable": false,
66      "key": false,
67      "indexAnalyzer": null,
68      "searchAnalyzer": null,
69      "analyzer": "ja.microsoft",
70      "normalizer": null,
71      "dimensions": null,
72      "vectorSearchProfile": null,
73      "synonymMaps": []
74    },
75    {
```

「保存」をクリックするのを忘れないようにしてください。

フィールドのアナライザーが日本語に変わっていることを確認します。

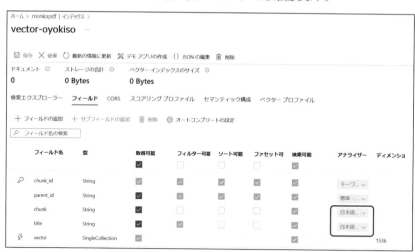

アクセス許可のため、CORSの許可を「すべて」に変更しておきます。

次にスキルセットを調整します。

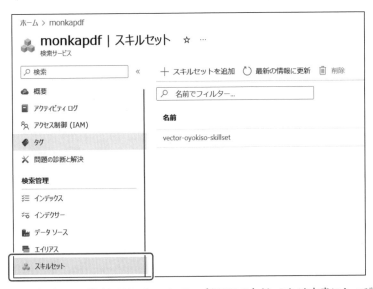

デフォルトでトークン数が2000、オーバーラップが500ですが、これは文書によって調整する必要がありますが、ここでは少し小さくしておきます。それぞれ1000と300あたりにしておきましょう。

```
25          }
26        ],
27        "authIdentity": null
28      },
29      {
30        "@odata.type": "#Microsoft.Skills.Text.SplitSkill",
31        "name": "#2",
32        "description": "Split skill to chunk documents",
33        "context": "/document",
34        "defaultLanguageCode": "ja",
35        "textSplitMode": "pages",
36        "maximumPageLength": 1000,
37        "pageOverlapLength": 300,
38        "maximumPagesToTake": 0,
39        "inputs": [
40          {
41            "name": "text",
42            "source": "/document/content"
43          }
44        ],
45        "outputs": [
46          {
47            "name": "textItems",
48            "targetName": "pages"
49          }
50        ]
51      }
52    ],
53    "cognitiveServices": null
```

「保存」をクリックするのを忘れないようにしてください。

最後にインデクサーです。「リセット」してから、再「実行」します。

　ここでインデックスの検索を試してみます。「高等学校は応募資格がありますか?」と尋ねてみると、関連する箇所が表示されます。

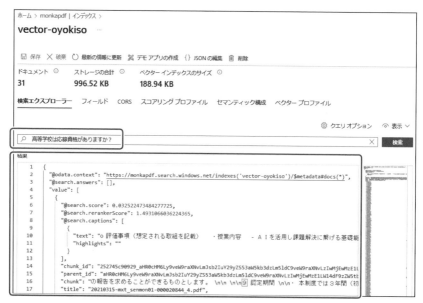

これで設定が終わりました。これをAPIを使ってPythonで検索してみましょう。
まず、必要ライブラリを導入しておきます。

```
pip install azure-identity azure-search-documents openai
```

ライブラリを読み込みます。

```
from openai import AzureOpenAI
from azure.search.documents import SearchClient
from azure.search.documents.models import VectorizedQuery
from azure.core.credentials import AzureKeyCredential
```

次に、下記の情報を整理して確認しておきます。

Azure AI Searchのエンドポイントは、作成したAI Searchの名前の後ろに `.search.windows.net` を付加したURLになります。キーは、AI Searchのキーで確認できます。ここでは「管理キー」2つに「クエリキー」がありますが、いずれかを使います。

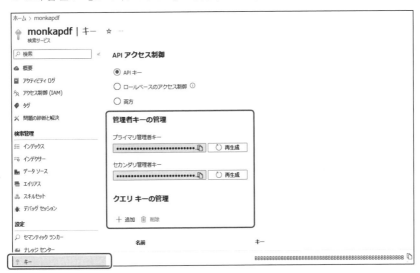

また、エンベッディングのため、Azure OpenAIエンドポイントとキーを確認しておきます。これは作成したAzure OpenAIのキーとエンドポイントで確認できます。

127

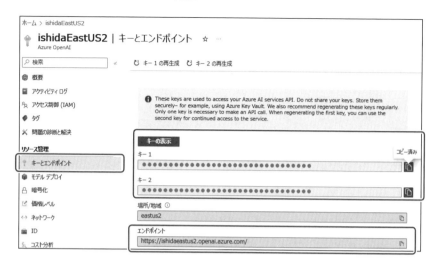

これらを環境変数としてセットします（ "xxxxx" の部分はご自身のものを記載していください。）。

```
import os
# Azure AI Search key
os.environ['SEARCH_ENDPOINT'] = "https://monkapdf.search.windows.net"
os.environ['SEARCH_API_KEY'] = "xxxxx"

# Azure OpenAI key
os.environ['OPENAI_API_BASE'] = "https://ishidaeastus2.openai.azure.com/"
os.environ['OPENAI_API_KEY'] = "xxxxx"
```

また、Azure OpenAIでデプロイした会話モデルとエンベッディングモデル名を確認します。これらはAzure AI Studioで確認できます。

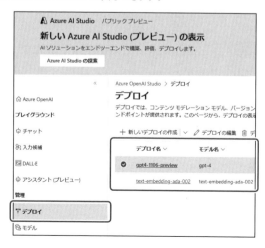

なお、ここでは会話モデルとしてgpt-4を指定していますが、gpt-4は応答に時間がかかるため、アップロードした文書の検索と合わせ、結果が得られるのにかなり時間がかかることに注意してください。

```
deployment_id_chat = "gpt4-1106-preview"
deployment_id_embedding = "text-embedding-ada-002"
```

AI Searchのインデックス名を確認します。

インデックス名 `vector-oyokiso` に `-semantic-configuration` を付加したセマンティックインデックス名も用意します。

```
search_index_name = "vector-oyokiso"
semantic_configuration_name = search_index_name + "-semantic-configuration"
```

Azure OpenAIクライアントを作成します。

```
client = AzureOpenAI(
  api_key=os.environ['OPENAI_API_KEY'],
  api_version="2024-03-01-preview",
  azure_endpoint=os.environ['OPENAI_API_BASE']
)
```

APIのバージョンについてはマイクロソフトの資料を確認してください。

● APIバージョン

URL https://learn.microsoft.com/ja-jp/azure/ai-services/openai/
api-version-deprecation

Searchクライアントを作成します。

```
credential = AzureKeyCredential(search_api_key)

search_client = SearchClient(
    endpoint=os.environ['SEARCH_ENDPOINT'],#service_endpoint,
```

```
    index_name= search_index_name,
    credential=credential
)
```

　検索では、文章をいったんベクトル化し、その値を使って、アップロードされた文書との類似度を調べます。そこで、質問文をベクトル化するメソッドを用意します。ここでベクトル化とは、エンベッディングと同じことです。

```
# ベクトルの生成
def get_embedding(question):
  response = client.embeddings.create(
     input=question,
     model=deployment_id_embedding
  )

embeddings = response.data[0].embedding

return embeddings
```

　検索を実施するメソッドを用意します。

```
def search(question):

  # AI Searchを検索する
  results = search_client.search(
    search_text=question,
    search_mode="any",
    search_fields=["chunk"],
    select=["title", "chunk"],
    semantic_configuration_name=semantic_configuration_name,
    top=5,

    vector_queries=[
       VectorizedQuery(
          kind = "vector",
          vector = generate_embedding(question),
          k_nearest_neighbors = 5,
          fields = "vector"
       )
    ]
  )

  return results
```

search_fields あるいは select 、fields それぞれで指定した chunk 、
title 、vector はAzure側で設定したインデックスのフィールドで確認できます。

最後に、実際に質問するためのメソッドを用意します。

```python
def send_query(question):

    # Azure AI Searchを検索する
    results = search(question)

    # 応答データを取得する
    input_data = []
    for result in results:
        input_data.append(f"タイトル :{result['title']}\n")
        input_data.append(f"本文 :{result['chunk']}\n\n")

    # GPTに回答をリクエスト
    system_message = '''
        資料「数理・データサイエンス・ＡＩ教育プログラム認定制度（応用基礎レベル）
    実施要綱細目」の内容をもとに、申請者からの質問に回答してください。
    '''

    for input in input_data:
        system_message = f"{system_message}{input}\n\n"

    messages = [{"role": "system", "content": system_message}]
    messages.append({"role": "user", "content": question})
```

```
response = client.chat.completions.create(
    model = deployment_id_chat,
    messages = messages,
    temperature = 0.5
)

assistant_message = response.choices[0].message
if assistant_message.content:
    messages.append({"role": assistant_message.role, "content": assistant_message.content})

return messages
```

必要な情報とメソッドが用意できたので、実際に質問してみます。

```
res = send_query("高等学校は応募資格がありますか？")
```

```
res[-1]['content']
```

> 提供された資料にもとづいて、この「数理・データサイエンス・AI教育プログラム認定制度（応用基礎レベル）」は大学等の高等教育機関を対象としているようです。文書中に「大学等」という表現が何度も登場しており、教育プログラムの申請や実施に関する記述が大学やその他の高等教育機関に関連しています。したがって、高等学校はこの制度の応募資格がないと解釈されます。高等学校は通常、大学等の高等教育機関とは区別されるため、この制度の対象外と考えられます。

結果が返ってくるのに時間はかかりますが、正答が返ってきています。

情報抽出

少しテーマを変え、ここでは文書から特定の情報を探し出す方法を紹介します。文書から特定の情報を抽出することを、ここで情報抽出としています。

たとえば、請求書から請求者、請求先、請求額、指定銀行といった項目を取り出すことを考えてみます。請求書に記載する項目はほぼ決まっていますが、実際にさまざまな企業などで利用されている様式では各項目の配置はさまざまです。我々人間であれば、請求書を一瞥し、どの位置にどの項目が記載されているかを把握できます。これをAIに行わせるのが、ここでの目的です。

まず、次のようなフォーマットを想定します。

請　　求　　書

請求番号　　12345
請求日　令和4年4月1日

請求先　大和産業株式会社御中

請求者　　　株式会社アカデミストリー
住　所　　　徳島県徳島市常三島町
代表者名　　石田基広

右の金額を請求します。　　　　　請求金額　　　600000

請求番号	品目	数量	単位	単　価	金　額	付記
1	DB運用ツール運用・開発	式	1	600,000	600,000	
2	消費税	式	1	60,000	60,000	
	合計				660,000	

金融機関名：　　阿波　銀行　支店名：　　本　店

預金種目　　　　　普通

口座番号　　　　　12345678

口座名義　　　株式会社アカデミストリー
（カタカナ書き）　カブシキガイシャアカデミストリー

この文書をChatGPT Plusにアップロードし、請求者、請求先などを取り出して、これをCSVフォーマットにまとめてみましょう。質問文は次のようにします。

> あなたは、指定されたドキュメントから、ユーザーの質問に関連するような情報を抽出して、これらを構造化します。そして、その結果にもとづいて回答します。このドキュメントから請求先、請求元、請求金額をそれぞれテーブル形式で出力してください。

下記がChatGPTからの回答になります。

```
ChatGPT: ドキュメントから抽出した情報にもとづき、請求先、請求元、請求金額を以
下のテーブル形式で出力します：

### 請求先
| 項目      | 情報               |
|----------|-------------------|
| 請求先    | 大和産業株式会社      |

### 請求元
| 項目      | 情報                                              |
|----------|-------------------------------------------------|
| 請求者    | 株式会社アカデミストリー                             |
| 住所      | 徳島県徳島市常三島町                                |
| 代表者名  | 石田基広                                          |
| 銀行名    | 阿波銀行                                          |
| 支店名    | 本店                                             |
| 預金種目  | 普通                                             |
| 口座番号  | 12345678                                        |
| 口座名義  | カブシキガイシャアカデミストリー                      |

### 請求金額
| 項目      | 金額        |
|----------|-----------|
| 請求金額  | 600,000円 |
| 消費税    | 60,000円  |
| 合計      | 660,000円 |
```

ChatGPTが指定通りにテーブル形式で情報を抽出できているのが確認できます（ここで表は、Markdown形式で出力されており、HTMLファイルに変換すると、テーブルとし表示されます）。同じことをOpenAI APIで実施してみましょう。Google Colaboratoryで新しいノートブックを作成します。タブが新たに開いて新規ノートブックが用意されるので、上の「＋コード」をクリックして、下記に紹介するコードを入力していきます。

　なお、本書用のサンプルを用意しているので、そのURLをクリックして開いても構いません。その場合は、コードセルの左端の実行ボタンをクリックするだけです。

- ● Google Colab ノートブック 第4章OpenAI API で情報抽出.ipynb

　URL　https://colab.research.google.com/drive/
　　　　　　　　　1ddcEY36DTkwlFl5GrMT2N76z9y_RmZie?usp=sharing

　まずAPIキーを、Googleのシークレット機能を利用してセットします。

```
from openai import OpenAI
from google.colab import userdata
client = OpenAI(api_key=userdata.get('OPENAI_API_KEY'))
```

　サンプルデータをダウンロードします。なお、このPDFはサポートサイトにも配置してあります。

```
!wget https://infoart.ait231.tokushima-u.ac.jp/images/invoice.pdf
```

　ファイルをOpenAIのサーバーにアップロードします。

```
# ファイルをOpenAIのサーバーにアップロード
file = client.files.create(
    file=open("/content/invoice.pdf", "rb"),
    purpose="assistants"
)
```

　アシスタントを作成します。

```
# アシスタントの作成
assistant = client.beta.assistants.create(
    instructions="あなたは、指定されたドキュメント(ナレッジ)を調査して、情報を構造化し、その結果にもとづいて回答するChatBotです。",
    model="gpt-4-1106-preview",
    tools=[{"type": "retrieval"}],
    file_ids=[file.id]
)
```

　スレッドを作成します。

```
thread = client.beta.threads.create()
```

言語生成AI応用例

ユーザーの質問を用意します。

```
message = client.beta.threads.messages.create(
    thread_id=thread.id,
    role="user",
    content="請求先、請求元、請求金額をそれぞれテーブル形式で出力してくださ
い? "
)
```

04

言語生成AI─応用例

メッセージを確認します。

```
message = client.beta.threads.messages.create(
    thread_id=thread.id,
    role="user",
    content="請求先、請求元、請求金額をそれぞれテーブル形式で出力してください。
"
)
```

```
user : 請求先、請求元、請求金額をそれぞれテーブル形式で出力してください。
```

アシスタントにリクエストを実行させます。

```
# アシスタントにリクエスト
run = client.beta.threads.runs.create(
    thread_id=thread.id,
    assistant_id=assistant.id,
)
```

実行状況を確認します。completedとなるのを確認します。

```
# 実行状況の確認
run = client.beta.threads.runs.retrieve(
    thread_id=thread.id,
    run_id=run.id
)
print(run.status)
```

回答が得られたようであれば、確認します。

```
# スレッドのメッセージリストの確認
messages = client.beta.threads.messages.list(
    thread_id=thread.id,
    order="asc"
)
for message in messages:
    print(message.role, ":", message.content[0].text.value)
```

```
user ： 請求先、請求元、請求金額をそれぞれテーブル形式で出力してください？
assistant ： 以下は、請求先、請求元、請求金額についてのテーブル形式の出力です：

| 項目      | 情報                      |
|----------|-------------------------|
| 請求先    | 大和産業株式会社御中       |
| 請求者    | 株式会社アカデミストリー   |
| 住所      | 徳島県徳島市常三島町       |
| 代表者名  | 石田基広                  |
| 請求金額  | 600,000円(消費税抜)      |
| 消費税    | 60,000円                 |
| 合計      | 660,000円(消費税込)      |
```

期待通りに抽出されています。

音声起こし

　OpenAIはWhisperという音声認識モデルを公開しています。WhisperはMITという、自由な利用を認めたライセンスが適用されています。2024年3月時点で最新のWhisper large-v3モデルは非常に高性能で、日本語音声についても正確に認識してくれます。

　変換できる時間についての制約はありませんが、モデルに与えることのできるデータサイズは25MBに限定されています。このため、長い動画であれば音声だけを抽出した音声ファイルを用意することで、かなりのユースケースに対応できるのではないかと思われます。

　音声を抽出するソフトウェアにはいくつかありますが、無料であればffmpegが有名です。インストールの方法にはいろいろあり、OSによっても異なります。自身でffmpeg で検索して調べてみてください。

● ffmpeg

　URL https://www.ffmpeg.org/download.html

　たとえばWindowsであれば、「Windows builds by BtnN」をクリックし、`ffmpeg-master-latest-win64-gpl-shared.zip` をダウンロードして解凍します。インストールという概念はありません。解凍すると `bin` というフォルダにアプリケーションが置かれています。この `bin` フォルダのある場所のパスをコピーしておきましょう。パスは、フォルダエクスプローラーでフォルダを右クリックして「パスをコピー」を保存します。

　ffmpegを、実行できるようにするため、Windowsの環境変数を設定します。タスクバーにあるWindowsアイコンをクリックして検索窓に「システムの」と入力します。すると「システムの詳細設定の表示」が出てくるのでクリックします。「環境変数」をクリックします。ログインユーザーの環境変数が表示されるので、「Path」をダブルクリックします。「新規」ボタンをクリックしてffmpegの `bin` フォルダのパスを貼り付け「OK」ボタンをクリックします。

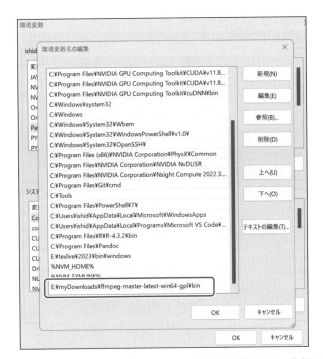

ターミナルを起動し、コマンドを入力することで変換を実行します。普段Windowsを使っていて、命令を文字入力で行うことはないかと思いますが、次のように動画保存されているフォルダとファイル名に注意して `ffmpeg` という命令を入力してEnterキーを押すだけです。

```
ffmpeg -i C:/Users/ishida/Downloads/test.mp4 C:/Users/ishida/Downloads/test.mp3
```

`-i` に続くのが動画名（保存先フォルダ名を含む）、半角スペースをおいて、出力音声ファイル名（フォルダ名を含む）となります。

フォルダ名に日本語が含まれているとエラーになることがあります。この場合、フォルダ名を命令に含めないほうがよいでしょう。Windowsであれば、動画が保存されたフォルダを右クリックし、「ターミナルで開く」を選びます。ターミナルが起動しますので、`>` の右側に変換命令を書いて実行します。

```
C:/Users/石田/ドキュメント > ffmpeg -i test.mp4 test.mp3
```

Windowsであれば付属のサウンドレコーダーで音声を録音できます。ここでは、自身で録音した音声ファイル（m4a）をWhisperに送り、文字起こしを行う例を紹介します。Google Colaboratoryで新しいノートブックを作成します。タブが新たに開いて新規ノートブックが用意されるので「＋コード」をクリックして、下記に紹介するコードを入力していきます。

なお、本書用のサンプルを用意しているので、そのURLをクリックして開いても構いません。その場合は、コードセルの左端の実行ボタンをクリックするだけです。

● Google Colab ノートブック 第4章OpenAI whisperによる文字起こし.ipynb

　　URL https://colab.research.google.com/drive/
　　　　　　1wKOkBcBlqFPFB53zsczOPip7VRLzA1Kw?usp=sharing

なお、Windowsのサウンドレコーダーの保存先は **C:¥Users¥ユーザー名¥Docu ments¥サウンド　レコーディング** となります(OneDriveの場合は「ドキュメント」「サウンド レコーディング」に保存されます)。

Google Colaboratoryで必要なライブラリをインストールします。OpenAI社のWhisperには、GitHubというアプリケーション開発サイトで公開している開発版と、openaiライブラリから使える有料版があります。まず、前者について試してみます。

▌GitHub版Whisper

インストールします。

```
%pip install git+https://github.com/openai/whisper.git
```

モデルをロードします。

```
import whisper
model = whisper.load_model("large")
```

Google Colaboratoryに音声ファイルをアップロードします。フォルダアイコンをクリックし、上向き矢印のアイコンをクリックします。アップロードが完了したら、ファイル名右横の3点ドットをクリックし、パスをコピーしておきます。解析を実行します。若干、時間がかかります。

```
result = model.transcribe("/content/レコーディング.m4a")
print(result["text"])
```

第4章のこの節では、オープンAI社のWhisperを使って音声認識を試してみたいと思います。

解析結果の主要な情報、すなわち音声の開始時間、終了時間などをデータフレーム形式で保存して確認します。

```
import pandas as pd
df_transcribe = pd.DataFrame(result["segments"])
df_transcribe.head()
```

```
|index|id|seek|start|end|text|tokens|temperature|avg\_logprob|compression\_
ratio|no\_speech\_prob|
|---|---|---|---|---|---|---|---|---|---|---|
|0|0|0|0\.0|8\.78|第4章のこの節では、オープンAI社のWhisperを使って音声認
識を試してみたいと思います。|50365,7536,19,11957,254,2972,13303,27694,167
19,1231,18743,15266,245,4824,48698,27658,2972,2471,271,610,5998,22982,61
02,18034,32045,22041,43143,5998,22099,8822,41258,29707,1543,50804|0\.0|-
0\.11232773917061942|0\.959349593495935|0\.09093831479549408|
```

出力にある **seek** は音声ファイル内の特定の位置（サンプル数または秒数）を示し、**start** はテキストが始まる時間、**stop** 音声ファイル内で認識されたテキストが終わる時間を示します（秒単位）。

Whisperでは文字起こしの結果を英語に翻訳することができます。

```
result_translate = model.transcribe(audio="/content/レコーディング.m4a",
task="translate", language="en")
df_translate = pd.DataFrame(result_translate["segments"])
df_translate.head()
```

```
|index|id|seek|start|end|text|tokens|temperature|avg\_logprob|compression\_
ratio|no\_speech\_prob|
|---|---|---|---|---|---|---|---|---|---|---|
|0|0|0|0\.0|9\.0| In this theory of the fourth chapter, I would like to try
sound recognition using the whisper of the open AI.|50365,682,341,5261,295
,264,6409,7187,11,286,576,411,281,853,1626,11150,1228,264,26018,295,264,126
9,7318,13,50815|0\.0|-
0\.5633040941678561|1\.17204301075268820|0\.09093831479549408|
```

▌▌▌ openaiライブラリ版

ここまで利用してきたopenaiライブラリを使って音声認識を行うこともできます。ただし、WhisperをAPI経由で利用すると、料金は1分ごとに0.006ドルで、1時間分を利用した場合は日本円で約60円程度になります。コストをかけたくない場合は、前節のGitHubにあるオープンソースを使えば無料です。

```
%pip install openai
```

APIキーをセットします。

```
from openai import OpenAI
from google.colab import userdata
client = OpenAI(api_key=userdata.get('OPENAI_API_KEY'))
```

文字起こしを実行します。

```
transcript = client.audio.transcriptions.create(model="whisper-1",
file=audio_file, response_format="text")
print(transcript)
```

第4章のこの節では、オープンAI社のWhisperを使って音声認識を試してみたいと思います。

翻訳も実行できます。

```
translation = client.audio.translations.create(model="whisper-1",
file=audio_file, response_format="text")
print(translation)
```

```
In the 4th chapter, I would like to try voice recognition using OpenAI's
Whisper.
```

Function Calling

ChatGPTに現在の東京の天気などを回答させるのはどうしたらよいでしょうか。時事ニュースなどについては、ChatGPTやBingでは、最新の情報をネット検索し、その結果を踏まえて回答できるようになっています。同じように天気予報についても、ネットから検索させればいいのですが、インターネットには天気予報や最新の株価の情報にアクセスするためにAPIがサービスとして提供されています。そこで、ChatGPTに対してAPIにアクセスする関数を指定し、その実行結果を使うよう指示することが考えられます。これがFunction Callingです。

ただし、ChatGPTそのものは関数を実行しません。実際に関数を実行するのはユーザーの側です。では、ChatGPTは何をするのかというと、ユーザーの質問の内容から、指定された関数の実行が必要であるか、また必要であるとすれば、その関数にはどのような条件（天気予報であれば、どの地域を指定するのか）を与えればよいかを判断するのです。

次の準備をします。

■1 ChatGPTの回答に加えたい情報を取得するための関数を作成する。
■2 ChatGPTに、用意した関数を指定し、どのようなときに使うかを事前に指示する。
■3 ChatGPTは、ユーザーの質問への回答を作成するのに指定の関数の実行が必要かを判断する。
■4 ChatGPTは関数を実行するのに必要な条件を確認する。
■5 ChatGPTが関数の実行が必要と判断した場合、その関数を実行する。
■6 関数の実行結果をChatGPTに与える。
■7 ChatGPTは実行結果を参考に回答を生成する。

CHAPTER 03でAPIについて学びました。その際、天気状況を取得する関数を定義したので、これを利用してみましょう。Google Colaboratoryで新しいノートブックを作成します。タブが新たに開いて新規ノートブックが用意されるので、「+コード」をクリックして、下記に紹介するコードを入力していきます。なお、本書用のサンプルを用意しているので、そのURLをクリックして開いても構いません。その場合は、コードセルの左端の実行ボタンをクリックするだけです。

● Google Colab ノートブック 第4章FunctionCalling.ipynb
　　URL　https://colab.research.google.com/drive/
　　　　　1NcbNyKQbodtdoaeNXV1LPGNZQ3iCfNkz?usp=sharing

関数とは

Pythonでは、def というキーワードを使って、ユーザー独自の関数を作成することができます。

```
def add (a, b):
  return(a+b)

add(1,2)
```

```
3
```

def で始まる行の最後にはコロン、また改行後は文頭にタブを置くことに注意してください（Google Colaboratoryではタブは自動的に補われます）。

まず次のような関数を定義します。これは都道府県名を指定されると、その天気状況についての情報を返してくれる関数です。

```
import requests
import json
# 関数を作成（関数を定義した後、その利用テストをしている）
def get_prefecture_code(pref_name):
    # 都道府県名と地域コードの対応辞書を用意
    pref_code_map = {
        '北海道': '01', '青森': '02', '岩手': '03', '宮城': '04',
        '秋田': '05', '山形': '06', '福島': '07', '茨城': '08',
        '栃木': '09', '群馬': '10', '埼玉': '11', '千葉': '12',
        '東京': '13', '神奈川': '14', '新潟': '15', '富山': '16',
        '石川': '17', '福井': '18', '山梨': '19', '長野': '20',
        '岐阜': '21', '静岡': '22', '愛知': '23', '三重': '24',
        '滋賀': '25', '京都': '26', '大阪': '27', '兵庫': '28',
        '奈良': '29', '和歌山': '30', '鳥取': '31', '島根': '32',
        '岡山': '33', '広島': '34', '山口': '35', '徳島': '36',
        '香川': '37', '愛媛': '38', '高知': '39', '福岡': '40',
        '佐賀': '41', '長崎': '42', '熊本': '43', '大分': '44',
        '宮崎': '45', '鹿児島': '46', '沖縄': '47'
    }
    # 入力された県名から「県」「都」「府」を削除
    for suffix in ['県', '都', '府']:
        if pref_name.endswith(suffix):
            pref_name = pref_name.replace(suffix, '')
            break
    # 地域コードを返す
    return pref_code_map.get(pref_name)
```

▼

```python
def fetch_weather_overview(pref_name):
    # 都道府県名から地域コードを取得
    pref_code = get_prefecture_code(pref_name)
    if not pref_code:
        return 'Invalid prefecture name'

    # 天気予報のAPIエンドポイント
    url = f"https://www.jma.go.jp/bosai/forecast/data/overview_forecast/
{pref_code}0000.json"

    # リクエストを送信
    response = requests.get(url)

    # レスポンスをチェック
    if response.ok:
        # JSONデータとして解析
        data = response.json()
        # 'reportDatetime' と 'text' を結合して返す
        result = f"Report Datetime: {data['reportDatetime']}\nForecast Text:
{data['text']}"
        return result
    else:
        # エラー情報を文字列で返す
        return 'Failed to fetch weather overview'

# 例
print(fetch_weather_overview('東京'))
```

Report Datetime: 2024-05-15T10:33:00+09:00
Forecast Text: 　関東甲信地方は高気圧に覆われていますが、上空の気圧の谷の影響を受けています。

　東京地方は、おおむね晴れとなっています。

　１５日は、高気圧に覆われますが、日本の南の前線の影響を受ける見込みです。このため、晴れ夕方から曇りで、夜遅くは雨の降る所があるでしょう。伊豆諸島では雨で雷を伴う所がある見込みです。

　１６日は、高気圧に緩やかに覆われますが、前線が伊豆諸島付近から日本の東へ進み、湿った空気の影響を受ける見込みです。このため、曇り昼過ぎから晴れで、朝まで雨の降る所があるでしょう。伊豆諸島では雨で雷を伴い激しく降る所がある見込みです。

01
02
03

04

言語生成AI応用例

05
06
A

145

【関東甲信地方】
　関東甲信地方は、曇りや晴れとなっています。

　１５日は、高気圧に覆われますが、日本の南の前線の影響を受ける見込みです。このため、曇りや晴れで、午後は雨の降る所があるでしょう。伊豆諸島では雷を伴う所がある見込みです。

　１６日は、高気圧に緩やかに覆われますが、前線が伊豆諸島付近から日本の東へ進み、湿った空気の影響を受ける見込みです。このため、曇りや晴れで雨の降る所があり、午後は上空の寒気の影響で雷雨となる所があるでしょう。伊豆諸島では、はじめ雷を伴い激しく降る所がある見込みです。

　関東地方と伊豆諸島の海上では、うねりを伴い、１５日は波がやや高く、１６日は波が高いでしょう。船舶は高波に注意してください。

　CHAPTER 03では都道府県名を与えると、インターネットにアクセスして地域コードを取得する関数を定義しました。しかし、都道府県名とその地域コードは固定されていますから、毎回、ネットで確認するのは非効率です。そこで、関数全体がやや長くなりますが、都道府県名と地域コードの対応表を関数に組み込んでしまいました（ハードコーディングなどといいます）。また、返り値はJSONフォーマットですが、これを文章としてまとめ、ChatGPTが参照しやすくしています。

　この関数を使うことをOpenAI APIに設定します。なお、ここでもシークレットキーはGoogle Colaboratoryの機能を使ってセットします。

```python
# 関数をいつ使うか指定
tools = [
    {
        "type": "function",
        "function": {
            # 関数の名前
            "name": "fetch_weather_overview",
            # 関数の説明
            "description": "日本の都道府県のお天気について、日付(何月何日)と
地域、その地域の天気状況の説明文を返す関数です",
            "parameters": {
                "type": "object",
                "properties": {
                    # 関数に与える都道府県の名前
                    "pref_name": {
                        # 引数のデータ型を文字列と指定
                        "type": "string",
                        # 引数の例
                        "description": "東京都",
                    },
                },
                # 引数として都道府県名を指定する必要がある
                "required": ["pref_name"],
            },
        },
    }
]
```

関数名と使い方をまとめた **tools** をChatGPTに指定します。

```python
# 関数の使い方
messages = [{"role": "user", "content": "徳島県のいまの天気は?"}]
response = client.chat.completions.create(
    model="gpt-3.5-turbo-1106",
    messages=messages,
    # tools(関数)を指定する
    tools=tools,
    # 関数を実行する必要があるかどうかはChatGPTが判断
    tool_choice="auto",
)
```

このように設定するとChatGPTは指定された関数を呼び出すタイミングと、呼び出し方を認識します。

```
response_message = response.choices[0].message

print("用意された関数を呼び出す必要のある質問か？ ")
tool_calls = response_message.tool_calls
print(tool_calls)
print("今の質問に対する回答はあるか？ ")
print(response_message.content) #
print("関数を実行する条件")
print(response_message.tool_calls[0].function)
```

```
用意された関数を呼び出す必要のある質問か？
[ChatCompletionMessageToolCall(id='call_VVDEHYiylMXNBm10DydmTDr4', function=
Function(arguments='{"pref_name":"徳島県"}', name='fetch_weather_overview'),
type='function')]
今の質問に対する回答はあるか？
None
関数を実行する条件
Function(arguments='{"pref_name":"徳島県"}', name='fetch_weather_overview')
```

ただし、関数の実行そのものはユーザーの仕事です。ChatGPTの判断結果が **tool_calls** に入っています。これが真（ **True** ）であれば、ユーザーは関数を実行して、その結果を改めてChatGPTに与えます。

```
# 関数の実行が必要と判断した場合、その関数を実行
if tool_calls:
    available_functions = {
        "fetch_weather_overview": fetch_weather_overview,
    }
    messages.append(response_message)
    # お天気状況について検索してから、再度OpenAIのAPIに回答文を生成させる
    for tool_call in tool_calls:
        function_name = tool_call.function.name
        function_to_call = available_functions[function_name]
        function_args = json.loads(tool_call.function.arguments)
        function_response = function_to_call(
            pref_name=function_args.get("pref_name"),
        )
        # 関数の実行結果をChatGPTに与える
        weather_str = ', '.join(function_response)
        messages.append(
```

```
            {
                "tool_call_id": tool_call.id,
                "role": "tool",
                "name": function_name,
                "content": weather_str,
            }
        )
    # 返り値をすべて確認するため、すべて出力
    print(messages)
    # ChatGPTは実行結果を参考に回答を生成
    second_response = client.chat.completions.create(
        model="gpt-3.5-turbo-1106",
        messages=messages,
    )
print("------ 以下、ChatGPTの回答 ----------------")
print(second_response.choices[0].message.content)
```

[{'role': 'user', 'content': '徳島県の天気は?'}, ChatCompletionMessage(content=None, role='assistant', function_call=None, tool_calls=[ChatCompletionMessageToolCall(id='call_c2rvmSZWchGRmbD8JR3UHo82', function=Function(arguments='{"pref_name":"徳島県"}', name='fetch_weather_overview'), type='function')]), {'tool_call_id': 'call_c2rvmSZWchGRmbD8JR3UHo82', 'role': 'tool', 'name': 'fetch_weather_overview', 'content': 'Report Datetime: 2024-03-16T16:33:00+09:00\nForecast Text: \u3000徳島県は、高気圧に覆われて晴れています。\n\n\u3000１６日は、高気圧に覆われて晴れるでしょう。\n\n\u3000１７日は、気圧の谷や湿った空気の影響で曇り、昼過ぎから夕方は雨が降る見込みです。'}]
------ 以下、ChatGPTの回答 ----------------
徳島県の天気は、16日は高気圧に覆われて晴れるでしょう。17日は気圧の谷や湿った空気の影響で曇り、昼過ぎから夕方には雨が降る見込みです。

リアルタイムな天気状況を回答できているのが確認できます。

04

言語生成AI応用例

149

CHAPTER 05

クラウド環境による
簡易的な画像認識

画像の物体判定

　本章ではクラウド環境で画像認識を行う方法を紹介します。ここでは簡易的なAPIを使って画像を判別してみます。なお、次章においてはAPIを使わず、Kerasというライブラリを使ってディープラーニングのネットワークを構築する方法について説明します（読者のパソコンにPythonをインストールした環境での操作を想定しています）。

　本節で紹介するのは簡易的な物体判定です。物体判定とは、画像に何が映っているかを識別する技術です。現在のAIは、特に画像認識分野で発展してきました。なお、ここで簡易的という意味は、自分の手元にある画像データをAIに学習させた独自のAIモデルを使うのではなく、汎用的な用途で公開されている既成のAIモデルを利用するという意味です。API経由で手軽に物体判定などを行うライブラリとしてはYOLOとMediaPipeが有名です。

　本節ではYOLOを使った物体判定を解説します。

▌▌▌ YOLO

　YOLO（You Only Look Once）は、画像内の物体を検出するためのAI技術です。この名前は英語で「1度見るだけでよい」という意味を持ち、その名の通り、画像を1度スキャンするだけで、画像内に存在する物体の種類と位置を同時に特定できることが最大の特徴です。

　YOLOは、画像を入力として受け取り、その画像内に存在する1つまたは複数の物体を検出し、それぞれの物体が何であるか（クラスの判別）、そしてその位置（バウンディングボックス）を特定します。たとえば、画像内に犬や猫が写っている場合、YOLOはそれぞれの動物を「犬」「猫」と識別し、それぞれの位置を示す矩形の枠を画像上に加えます。

　YOLOの処理フローは大まかに次の通りです。

1 **画像の準備**：入力された画像を一定のサイズにリサイズし、処理を容易にする。

2 **特徴抽出**：ディープラーニングを用いて、画像から物体の特徴を抽出する。

3 **物体の検出**：抽出した特徴をもとに、画像内の物体の種類とその位置を特定する。画像をグリッドに分割し、グリッドセルごとに物体の存在確率、クラス、位置（バウンディングボックス）を推定する。

　YOLOの大きな利点は、その高速性にあります。従来の物体検出手法では、画像を部分的に切り取りながら物体を検出する「スライディングウィンドウ」手法や、物体の候補領域を提案する「リージョンプロポーザル」手法が一般的でしたが、これらは計算コストが高く、リアルタイム処理が難しいという問題がありました。しかし、YOLOでは画像を1度だけ見ることで全体の物体を検出するため、処理速度が大幅に向上し、リアルタイムでの物体検出が可能になりました。

このように、YOLOは高速かつ正確に画像内の物体を検出することができる強力なAI技術であり、自動運転車の周囲認識やセキュリティカメラの監視、医療画像の解析など、多岐にわたる分野での応用が期待されています。

▐▐▐ Ultralytics

YOLOの最新バージョン（2024年2月現在）である**YOLOv8**がUltralytics社によってPython用ライブラリとしてリリースされています。これにより、物体検出AIの開発が簡単に行えるようになりました。

YOLOv8は次のAIタスクに利用できます。

タスク	説明
物体の検出（Detect）	画像やビデオ内で物体の存在を検出する
物体のセグメンテーション（Segmentation）	画像やビデオ内の各ピクセルを物体クラスに割り当てる
物体の分類（Classification）	画像やビデオ内の物体を事前に定義されたカテゴリに分類する
姿勢推定（Pose）	画像やビデオ内の物体の位置、角度、方向などの姿勢情報を推定する

早速、試してみましょう。Google Colaboratoryで新しいノートブックを作成します。タブが新たに開いて新規ノートブックが用意されるので、上の「＋コード」をクリックします。新たに作成されたコードセルに次のように入力します。なお、本書用のサンプルを用意していますので、そのURLをクリックして開いても構いません。その場合は、コードセルの左端の実行ボタンをクリックするだけです。

● Google Colab 第5章YOLO.ipynb

URL https://colab.research.google.com/drive/
1uOFOjqAfUQEflQTZGq4zBPtc1QwPMnRH?usp=sharing

ライブラリをインストールします。

```
!pip install ultralytics
```

実行ボタンをクリックすると、下に進捗状況が表示されます。ちなみに、最初に**%%capture**の1行を加えておくと、ライブラリのダウンロードとインストールの進捗状況を示すメッセージの表示を抑制することができます（ただし、何らかの理由でエラーが生じても、そのことが表示されなくなります）。インストールが進行している間は実行ボタンが回転するアニメーションとなっていますので、止まるまで待ちます。

インストールが完了したら、新たに実行セルを追加して次のように入力します。

```
from ultralytics import YOLO
model = YOLO('yolov8n.pt')
```

　1行目でYOLOを使うことを宣言し、2行目でYOLOモデルをダウンロードしてセットします。モデルとは、画像の判定を行うことを学んだファイルのことです。'yolov8n.pt'は6MB程度の小さなモデルなので、ダウンロードはすぐに終わります。

　次に、判定する画像を用意します。ここではYOLOのサイトに公開されているバスの画像を使います。

　Webサイトに公開されている画像なのでURLを指定すればアクセスできます。

```
res = model.predict('https://ultralytics.com/images/bus.jpg', save=True)
```

　実行すると、次のメッセージが表示されるはずです。

```
Found https://ultralytics.com/images/bus.jpg locally at bus.jpg
image 1/1 /content/bus.jpg: 640x480 4 persons, 1 bus, 1 stop sign, 196.0ms
Speed: 4.5ms preprocess, 196.0ms inference, 1.6ms postprocess per image at
shape (1, 3, 640, 480)
Results saved to runs/detect/predict
```

画像サイズの情報である `640x480` に続いて、`4 persons, 1 bus, 1 stop sign` とあり、人間が4人、バスが1台、そして信号機が1つ認識されていることがわかります。実は、上記の命令を実行すると、認識結果を書き込んだ画像も生成されています。それが最後のメッセージです。左のフォルダアイコンをクリックすると、新たに `runs/detect/predict` というフォルダが作成されているのが確認できるはずです。そこに同名の画像ファイル `bus.jpg` が作成されています。ダブルクリックすると、右端に画像が表示されます。

赤い四角で人が、また緑の四角でバスが囲まれているのわかります。また、それぞれの枠の上に数値があります。これらは判定の確信度合いを表しています。たとえば、バスを表す四角に0.87とあれば、囲まれた物体がバスであると、87％の確度で判断できるという意味です。ちなみに、特に指定しない限り、確度の基準は0.50です。つまり、バスである確度が0.50以上であれば、「バス」と判定されます。この基準値は変更することもできます。

```
res = model.predict('https://ultralytics.com/images/bus.jpg', save=True,
conf=0.9)
```

　丸カッコの最後に `conf=0.9` を追記しました。こうすると、確信度が0.9以上でなければ物体と確定しません。`bus.jpg` の場合、確信度が0.9を超える物体はないので、何も判定しなくなります。ついでに、丸カッコの中にある `save=True` は判定結果を書き込んだ画像を `runs/detect/predict` に保存するという意味です。

　なお、次のコードを実行すると、Colaboratoryのセルの下に画像を表示することができきます。

```
import cv2
from google.colab.patches import cv2_imshow
output_img = res[0].plot(labels=True, conf=True)
cv2_imshow(output_img)
```

||| YOLOで判定される物体

　簡単に画像の物体判定が実現できることが確認できました。ところでYOLOはどれくらいの種類の物体を判定できるのでしょうか。それは次のようにすると確認できます。

```
model.names
```

```
{0: 'person',
 1: 'bicycle',
 2: 'car',
 3: 'motorcycle',
 4: 'airplane',
 5: 'bus',
 6: 'train',
 7: 'truck',
 8: 'boat',
 9: 'traffic light',
 10: 'fire hydrant',
 11: 'stop sign',
 12: 'parking meter',
 13: 'bench',
 14: 'bird',
 15: 'cat',
 16: 'dog',
 17: 'horse',
 18: 'sheep',
 19: 'cow',
 20: 'elephant',
 21: 'bear',
 22: 'zebra',
 23: 'giraffe',
```

```
24: 'backpack',
25: 'umbrella',
26: 'handbag',
27: 'tie',
28: 'suitcase',
29: 'frisbee',
30: 'skis',
31: 'snowboard',
32: 'sports ball',
33: 'kite',
34: 'baseball bat',
35: 'baseball glove',
36: 'skateboard',
37: 'surfboard',
38: 'tennis racket',
39: 'bottle',
40: 'wine glass',
41: 'cup',
42: 'fork',
43: 'knife',
44: 'spoon',
45: 'bowl',
46: 'banana',
47: 'apple',
48: 'sandwich',
49: 'orange',
50: 'broccoli',
51: 'carrot',
52: 'hot dog',
53: 'pizza',
54: 'donut',
55: 'cake',
56: 'chair',
57: 'couch',
58: 'potted plant',
59: 'bed',
60: 'dining table',
61: 'toilet',
62: 'tv',
63: 'laptop',
64: 'mouse',
65: 'remote',
66: 'keyboard',
```

```
67: 'cell phone',
68: 'microwave',
69: 'oven',
70: 'toaster',
71: 'sink',
72: 'refrigerator',
73: 'book',
74: 'clock',
75: 'vase',
76: 'scissors',
77: 'teddy bear',
78: 'hair drier',
79: 'toothbrush'}
```

　YOLOが判定できるのは80種類の物体です。なお、出力される物体名（英語）には連番が降られていますが、Pythonは数を0からカウントします。そのため、最後の物品（歯ブラシ）の番号は79となっています。

||| YOLO解析結果の構造

　判定結果は四角に囲まれていました。この資格をYOLOでは「box」と読んでいます。判定結果にboxがいくつあり、それぞれに何が映っているか（判定されているか）を確認することができます（下記の結果は、**conf** を指定しなかった場合です）。

```
res[0].boxes.cls
```

```
tensor([ 5.,   0.,   0.,   0.,  11.,   0.])
```

　最初のboxでは5番の物体が、次に、0番が3つ認識されており、続けて11番、最後に0番と、6個の物体が判別されています。ちなみに11番は信号機です。

　ここで **res** に続けて **[0]** を加えています。これは **res** というリストの最初の要素（0番目）を取り出すという意味です。**res** は入れ子の構造になっており、その中身を取り出すには少し工夫がいるのです。**res** 全体を確認してみましょう。

```
res
```

```
[ultralytics.engine.results.Results object with attributes:

boxes: ultralytics.engine.results.Boxes object
keypoints: None
masks: None
names: {0: 'person', 1: 'bicycle', 2: 'car', 3: 'motorcycle', 4: 'airplane',
5: 'bus', 6: 'train', 7: 'truck', 8: 'boat', 9: 'traffic light', 10: 'fire
```

```
hydrant', 11: 'stop sign', 12: 'parking meter', 13: 'bench', 14: 'bird',
15: 'cat', 16: 'dog', 17: 'horse', 18: 'sheep', 19: 'cow', 20: 'elephant',
21: 'bear', 22: 'zebra', 23: 'giraffe', 24: 'backpack', 25: 'umbrella',
26: 'handbag', 27: 'tie', 28: 'suitcase', 29: 'frisbee', 30: 'skis',
31: 'snowboard', 32: 'sports ball', 33: 'kite', 34: 'baseball bat', 35:
'baseball glove', 36: 'skateboard', 37: 'surfboard', 38: 'tennis racket',
39: 'bottle', 40: 'wine glass', 41: 'cup', 42: 'fork', 43: 'knife', 44:
'spoon', 45: 'bowl', 46: 'banana', 47: 'apple', 48: 'sandwich', 49:
'orange', 50: 'broccoli', 51: 'carrot', 52: 'hot dog', 53: 'pizza', 54:
'donut', 55: 'cake', 56: 'chair', 57: 'couch', 58: 'potted plant', 59:
'bed', 60: 'dining table', 61: 'toilet', 62: 'tv', 63: 'laptop', 64:
'mouse', 65: 'remote', 66: 'keyboard', 67: 'cell phone', 68: 'microwave',
69: 'oven', 70: 'toaster', 71: 'sink', 72: 'refrigerator', 73: 'book', 74:
'clock', 75: 'vase', 76: 'scissors', 77: 'teddy bear', 78: 'hair drier', 79:
'toothbrush'}
obb: None
orig_img: array([[[122, 148, 172],
        [120, 146, 170],
        [125, 153, 177],
        ..., 途中省略
        [ 99,  89,  95],
        [ 96,  86,  92],
        [102,  92,  98]]], dtype=uint8)
orig_shape: (1080, 810)
path: '/content/bus.jpg'
probs: None
save_dir: 'runs/detect/predict'
speed: {'preprocess': 19.883394241333008, 'inference': 315.38987159729004,
'postprocess': 30.53760528564453}]
```

　出力の途中を省略していますが、かなり多くの情報が res の中に含まれているのがわかります。まず注目したいのは、最初と最後に [と] があることです。つまり、res はPythonでいうリストを指しています。Pythonでは複数の要素を1つにまとめるのにリストを使います。そしてリストの要素は添字を使って取り出すことができます。

　res にはいくつの要素があるでしょうか。確認してみましょう。

```
len(res)
```

```
1
```

05 クラウド環境による簡易的な画像認識

　要素は1個だけのようです。次のように実行すると、先ほどと同じ中身が表示されますが、この場合、最初と最後にブラケットが消えています。つまり、リストではなくなっています。では何かというと、YOLOの分析結果をまとめたものです。**オブジェクト**と呼びます。このオブジェクトの中にも複数の要素があり、**boxes** に始まって、最後は **speed** となっています。それぞれの要素は、要素名(キー)と要素(値)をコロンで挟んだ形式になっています。これを取り出すには、**.要素名** という書き方をします。

```
res[0].boxes
```

```
ultralytics.engine.results.Boxes object with attributes:

cls: tensor([ 5.,  0.,  0.,  0., 11.,  0.])
conf: tensor([0.8705, 0.8690, 0.8536, 0.8193, 0.3461, 0.3013])
data: tensor([[1.7286e+01, 2.3059e+02, 8.0152e+02, 7.6841e+02, 8.7055e-01,
5.0000e+00],
        [4.8739e+01, 3.9926e+02, 2.4450e+02, 9.0250e+02, 8.6898e-01,
0.0000e+00],
        [6.7027e+02, 3.8028e+02, 8.0986e+02, 8.7569e+02, 8.5360e-01,
0.0000e+00],
        [2.2139e+02, 4.0579e+02, 3.4472e+02, 8.5739e+02, 8.1931e-01,
0.0000e+00],
        [6.4347e-02, 2.5464e+02, 3.2288e+01, 3.2504e+02, 3.4607e-01,
1.1000e+01],
        [0.0000e+00, 5.5101e+02, 6.7105e+01, 8.7394e+02, 3.0129e-01,
0.0000e+00]])
id: None
is_track: False
orig_shape: (1080, 810)
shape: torch.Size([6, 6])
xywh: tensor([[409.4020, 499.4990, 784.2324, 537.8136],
        [146.6206, 650.8826, 195.7623, 503.2372],
        [740.0637, 627.9874, 139.5887, 495.4068],
        [283.0555, 631.5919, 123.3235, 451.6003],
        [ 16.1764, 289.8419,  32.2241,  70.3949],
        [ 33.5525, 712.4718,  67.1050, 322.9276]])
xywhn: tensor([[0.5054, 0.4625, 0.9682, 0.4980],
        [0.1810, 0.6027, 0.2417, 0.4660],
        [0.9137, 0.5815, 0.1723, 0.4587],
        [0.3495, 0.5848, 0.1523, 0.4181],
        [0.0200, 0.2684, 0.0398, 0.0652],
        [0.0414, 0.6597, 0.0828, 0.2990]])
xyxy: tensor([[1.7286e+01, 2.3059e+02, 8.0152e+02, 7.6841e+02],
```

```
         [4.8739e+01, 3.9926e+02, 2.4450e+02, 9.0250e+02],
         [6.7027e+02, 3.8028e+02, 8.0986e+02, 8.7569e+02],
         [2.2139e+02, 4.0579e+02, 3.4472e+02, 8.5739e+02],
         [6.4347e-02, 2.5464e+02, 3.2288e+01, 3.2504e+02],
         [0.0000e+00, 5.5101e+02, 6.7105e+01, 8.7394e+02]])
xyxyn: tensor([[2.1340e-02, 2.1351e-01, 9.8953e-01, 7.1149e-01],
         [6.0172e-02, 3.6969e-01, 3.0185e-01, 8.3565e-01],
         [8.2749e-01, 3.5211e-01, 9.9982e-01, 8.1082e-01],
         [2.7333e-01, 3.7573e-01, 4.2558e-01, 7.9388e-01],
         [7.9441e-05, 2.3578e-01, 3.9862e-02, 3.0096e-01],
         [0.0000e+00, 5.1019e-01, 8.2846e-02, 8.0920e-01]])
```

　boxとは、簡単にいうと、判定された物体を囲む矩形に関する情報をまとめたものです。この内部も入れ子になっており、最初に `cls` という要素があります。英語のclassを縮めたものと覚えておくとよいでしょう。クラスとは、物体の種類ということです。先ほど実行したのコードは、判定された物体のクラス番号を示すことになったわけです。

判定された物体の名前と個数の表示

　先ほどは `res.name` でYOLOが認識できる物体の種類を確認できました。この情報は `res[0].names` としても取り出すことができます。ちなみに次のようにすると、映っている物体の名前と個数を確認する命令となります。

```
# 番号と物体の対応表を作る
cls =  res[0].names
# なにが何個出てきたのか数える
from collections import Counter
# 各要素の出現回数をカウント
counts = Counter(res[0].boxes.cls.tolist())
# 物体名を加えて表示
for number, count in counts.items():
    print(f"{number} は{cls[number]}で、個数は {count}個")
```

```
5.0はbusで、個数は1個
0.0はpersonで、個数は4個
11.0はstop signで、個数は1個
```

161

動画に映っている物体の判定

さて、次に動画をアップロードして、フレーム内の物体を検知するプログラムを作成してみましょう。前回と異なる機能は下記になります。

- 動画をアップロードする
- 動画をフレームごとに分割する
- フレームごとに物体判定をする
- 判定結果で上書きした動画を生成する

▌▌▌動画をデータとして扱う

動画をデータとして扱う方法も、原理的には画像ファイルと同じです。ここで簡単に、画像と動画それぞれのデータ形式について考察してみましょう。

画像データをAIで扱う基本は数値データとして扱うことです。画像にはピクセルという概念があります。下記は数値の7を手書きしたイメージです（画像認識の分野で有名なMNISTというデータセットから借用しています）。

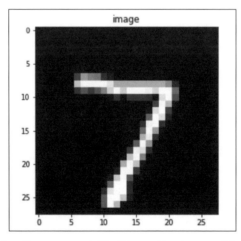

この画像を28行28列のワークシートだと考えてみましょう。この正方形の各部分あるいは各区画をピクセルと呼びます。ここで各ピクセルは黒から灰色、そして白色のいずれかで、灰色については濃淡に違いがあります。

この白黒画像の場合、ほとんどのピクセルは黒となっていますが、数字の7が描かれている箇所は白か、あるいは濃淡の違う灰色となっています。白黒画像のピクセルの明るさ（黒から灰色、そして白の濃度）は256段階の数値で表現されます。つまり、何もない部分（黒）は0で、グレーから白の部分は最大で255までの数値が対応します。なぜ256種類かというと、256は2の8乗でコンピュータ処理に都合が良いのです。

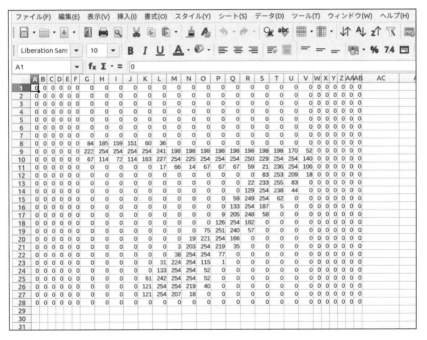

　少し話がずれますが、基本としてコンピュータは0,1の2つの数値を区別します。つまり2種類の情報を区別できます。これを1ビットといいます。これに、もう1ビットを加えると、0、1、01、11の4つの情報を区別できます。これは2ビットです。このようにビットを増やしていくほど、区別できる情報の種類が増えていきます。ここでは白黒の度合いを8つのビット、すなわち256段階で表しているわけです。

　ちなみに、カラー画像ではRGBという色彩表現が使われています。Rが赤、Gが緑、Bが青で、それぞれが256段階の濃淡を区別します。8ビットが3つ重なるので、24ビットに相当し、結局、約1,670万色を表現可能です。

　白黒画像データの場合、表計算ソフトに28行28列のシートがあり、そのセルの黒の濃淡に合わせて0から255の数値が入力されていると考えることができます。

　ここでフレームという概念にふれます。簡単にいうと、動画のフレームとは、画像をいくつも並べたものになります。パラパラ漫画というのをご存じでしょうか。少しずつポーズを変えていった画像を束ねて高速でめくっていくと、アニメーションのように見えるという装置です。

　動画は、この1枚1枚の画像を高速で表示させることで、動いているかのように見える
わけです。この1枚1枚をフレームと呼びます。動画の物体判定では、フレームごとに物体
判定を行うわけです。ちなみに、フレームレートという言葉があり、これは、1秒間に使われ
るフレームの数です。フレームレートはfps（frames per second）という単位で表します。

▶動画を用意する

　ここから実際に動画に映った物体の判定を行ってみましょう。下記のURLにアクセス
することで筆者の用意したひな型にアクセスでき、また利用できるようになります。

- Google Colab ノートブック 第5章動画の物体判定.ipynb
  URL https://colab.research.google.com/drive/
  1d8SkWQhucPVW5NlDzrPtiyeoM-EXyViL?usp=sharing

　処理にかかる時間を考えると1分未満の動画が望ましいでしょう。読者のお手元に適
当な動画がない場合は、たとえば、下記のようなサイトからダウンロードしてください。

- Pexels
  URL https://www.pexels.com/ja-jp/

　Pexelsはドイツ在住のブルーノ・ヨーゼフ氏とインゴ・ヨーゼフ氏が設立し、ダニエ
ル・フレーゼ氏が運用をしている素材サイトです（2024年5月現在）。Pexelsに掲載され
ているすべての動画・画像は無料で使用できる上、クレジット表記も必要ありません（た
だし、ダウンロード時にサイトポリシーなどについて必ず確認してください）。筆者は今回、
「https://www.pexels.com/ja-jp/video/3773324/」をダウンロードしました。商業施
設の前の道路を車が通り、手前の歩道に人が通り過ぎるという動画です。

▶動画の物体判定

この動画に映っている物体を判定して、ボックスを書き込んだ動画を新たに生成します。まずcv2ライブラリを使って、動画を読み込みます。cv2は、OpenCV（Open Source Computer Vision Library）をPythonで使うためのライブラリです。OpenCVは、画像処理やコンピュータ画像のためのオープンソースのライブラリであり、Pythonなどのさまざまなプログラミング言語で使用できます。cv2ライブラリを使うことで、画像や動画の読み込み、処理、表示、保存などを行うことができます。

Google Colaboratoryに動画をアップロードし、読み込みます。Google Colaboratoryの左フレームで動画ファイル名にカーソルをあてると3点ドットが現れます。これをクリックし、「パスをコピー」することで取得できます。

```
import cv2
cap = cv2.VideoCapture("/content/pixels.mp4")
```

まず、動画の情報を取得してみます。画像のサイズやフレーム数についてです。

```
width = cap.get(cv2.CAP_PROP_FRAME_WIDTH)
print("動画の横幅", width)

height = cap.get(cv2.CAP_PROP_FRAME_HEIGHT)
print("動画の高さ", height)

frames = cap.get(cv2.CAP_PROP_FRAME_COUNT)
print("動画の総フレーム数", frames)

fps = cap.get(cv2.CAP_PROP_FPS)
print("１秒あたりのフレーム数:fps", fps)

print("動画の秒数", frames/fps)
```

```
動画の横幅 640.0
動画の高さ 360.0
動画の総フレーム数 282.0
１秒あたりのフレーム数:fps 23.976023976023978
動画の秒数 11.76175
```

フレームが全部で282あります。その282のすべてについて、画像と同じように物体を識別してboxを書き込み、これらを束ねると物体判別がされた動画が出来上がります。

下記では、繰り返し構文を使ってフレームごとに物体判定を行っています。その都度、判別された物体の情報を確認し、それぞれの出現個数を画面に表示させています。

```
# ここから動画をフレーム単位で切り出し、その都度、
# モデルを適用して物体判定
num = 0
while cap.isOpened():
  # フレームごとに読み込む
  ret, img = cap.read()
  # フレームが残っている間、その物体判定を行う
  if ret:
    results = model(img, conf=0.5, verbose=False)
    # 映っている物体を確認
    categories = results[0].boxes.cls
    # 各要素の出現回数をカウント
    counts = Counter(results[0].boxes.cls.tolist())
    for number, count in counts.items():
      print(f"{num}フレームには{cat[number]} が{count} 個映っています")
    num = num + 1
```

```
    if num > frames:
        ret = None
    else :
        break

cap.release()
```

　最初にある `while` はプログラミング言語で繰り返しを行うための文になります。次のように書いて実行すると、永遠に（起動しているソフトウェアを止めない限り）「無限ループ」と表示し続けます。

```
Condition = True
while Condition:
        print("「無限ループ」")
```

　`while` の右横にあるのは条件で、これが満たされている限り、改行後の命令を実行し続けます。ここで条件は `Condition` で、いまは `True` がセットされています。これが `False` にならない限り、「無限ループ」と表示し続けます。ただ、それでは困るので、どこかで `True` を `False` に変えて、このループを止めなければなりません。そのためには、たとえば次のようにします。

```
Condition = True
while Condition:
        print("「ループ」")
        Condition = False
```

　この場合、1度だけ「無限ループ」と表示されます。プログラミング言語のループでは、何回繰り返すのか、適切なタイミングでループを「抜ける」必要があります。先ほどの例では `while cap.isOpened():` となっていました。これは、`cap` で示される動画ファイルが開いている間という意味です。その下の行に `ret, img = cap.read()` とありますが、ここで動画ファイルから1フレームを読み込んでいます。
　その下の `if ret:` でフレームが読み込まれているどうかを判定でき、読み込まれている間は、そのフレームの物体判定を行います。`ret` にフレームが読み込まれていないこと、つまり `False` がセットされていれば、下から2行目の `else:` までスキップし、そこの `break` によって、ループを「抜けます」。
　フレームがある限りは、`img` に紐付けられているフレーム画像を解析して、映っている物体の情報が `results` に保存されます。`Counter` メソッドを使って、何が何個映っているかの情報を取り出し、それを表示しています。その都度、処理しているフレームの番号を `num` で記録しておき、この値が事前に調べた動画のフレーム数 `frame` を超えた場合は `ret` にもはや適切な内容が残っていないことを表す `None` をセットします。これにより `if ret:` の処理が終わり、またループを抜けることになります。

167

　処理が終わったら、**cap** に紐付けられている動画を開放(**release**)します。つまり、処理対象から外します。

　なお、フレームごとに物体判定を行った結果(ボックス)を書き込んだ動画を保存したい場合は次のようなコードになります。フレームごとに判定物体とその個数を表示する処理は省略しました。

```python
# 自分が Google Colab にアップロードした動画を指定します
cap = cv2.VideoCapture("/content/pexels_videos_2880.mp4")


width = cap.get(cv2.CAP_PROP_FRAME_WIDTH)
height = cap.get(cv2.CAP_PROP_FRAME_HEIGHT)
frames = cap.get(cv2.CAP_PROP_FRAME_COUNT)
fps = cap.get(cv2.CAP_PROP_FPS)

# count = cap.get(cv2.CAP_PROP_FRAME_COUNT)
print("動画の総フレーム数", frames)

# 出力用に空の動画を作成しておく
writer = cv2.VideoWriter('./result.mp4',
                         cv2.VideoWriter_fourcc(*'MP4V',),fps,
                         frameSize=(int(width),int(height)))
num = 0
cls = model.names


# ここから動画をフレーム単位で切り出し、その都度、
# モデルを適用して物体判定
while cap.isOpened():
  # フレームごとに読み込む
  ret, img = cap.read()
  # フレームが残っている間、その物体判定を行う
  if ret:
    results = model(img, conf=0.5, verbose=False)
    # 特定の物体だけを判別したい場合 classesで、物体の番号を指定
    # 番号は上記を確認
    # results = model(img, conf=0.5, verbose=False, classes=[0,1,2])
    img = results[0].plot(labels=True, conf=True)
    writer.write(img)
    if num > count:
      ret = None
  else :
    # 動画を保存する
    writer.release()
    break
```

▼

▼
```
cap.release()
```

　これを実行すると `results.mp4` という動画が保存されます。右の3点ドットをクリックし、ダウンロードして再生してみてください。

　ちなみに、上記のコードの真ん中に `results = model(img, conf=0.5, verbose=False, classes=[0,1,2])` という命令があります。ここでは行頭に `#` があるので、コメントアウトされており実行されません。仮に行頭の `#` を削除し、加えて3行上の `results = model(img, conf=0.5, verbose=False)` を消して(または行頭に `#` を付け加えて)実行すると、`classes=[0,1,2]` で指定された物体、つまり人、車、自転車だけが判定対象となります。それ以外の物体(この動画では消火栓など)は判定対象となりません。

MediaPipeによるポーズ推定

ポーズ推定とは、画像に映った人間の手や足の位置を推定することです。なお、顔や手、瞳の推定についてもここでは紹介します。これらの推定によって、たとえば手をあているかどうか、視線がどこに向かっているかなどを画像から判定することができます。これらを実現するライブラリとしてGoogleがMediaPipeを公表しています。公式サイトには、推定の種類、デモ、そしてデモを再現する方法が紹介されています。

- MediaPipe
  - URL https://mediapipe-studio.webapps.google.com/home

サイトのデモを巡回すると、MediaPipeの機能を把握することができます。また、Pythonによるコードサンプルも確認できます。ただし、公式のPythonコードはやや複雑であるため、ここではGitHubに公開されているドキュメントから、より簡易化したコードを紹介し、MediaPipeの機能を確認したいと思います。

- MediaPipeドキュメント
  - URL https://github.com/google/mediapipe/tree/master/docs/solutions

なお、下記の説明に掲載するコードをGoogle Colaboratoryに用意しています。本書サポートサイトのURLリンクを利用してください。

- Google Colab ノートブック 第5章MediaPipe.ipynb
  - URL https://colab.research.google.com/drive/
    15lyviKKLStJH-pBqcqvfG1HS2Xetaa82?usp=sharing

まずMediaPipeをインストールしておきます。

```
%%capture
!pip install mediapipe
```

画像処理に関連するライブラリを読み込みます。

```
import cv2
import mediapipe as mp
from google.colab.patches import cv2_imshow
```

MediaPipeの実行例については、公式サイトにPythonコードが掲載されています。

- ・MediaPipe実行例など
  - URL https://developers.google.com/mediapipe/solutions/examples

　まずはポーズ推定を試してみましょう。ここでは、筆者がChatGPT PlusのDALL·E 3に作成させた画像を利用しますが、読者の方はフリーの写真素材を使われるとよいでしょう。たとえば、「https://gahag.net/」などは多数の写真素材が公開されています。ダウンロードした画像をGoogle Colaboratoryにアップロードします。

　画像のアップロードは、Google Colaboratoryの左のフォルダアイコンをクリックし、上のアップロードボタンをクリックして、対象画像を選択します。

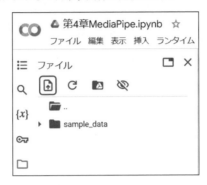

　下記のコードを実行するとアップロードした画像をGoogle Colaboratoryに表示できます。

```
image = cv2.imread("/content/golf.png")
cv2_imshow(image)
```

では、この写真を使ってポーズ推定してみます。

クラウド環境による簡易的な画像認識

```
# ポーズ推定の設定
mp_pose = mp.solutions.pose
pose = mp_pose.Pose(
    # 検出精度
    min_detection_confidence=0.5,
    # 静止画像であることを指定
    static_image_mode=True)
# 推定結果を画像に上書きするための準備
mp_drawing = mp.solutions.drawing_utils
# 元画像のコピーを用意
posed_img = image.copy()

# 読み込んだ画像から骨格を推定する
results = pose.process(image)

# 元画像のコピーに、ポーズ推定の結果を書き込む
mp_drawing.draw_landmarks(posed_img, results.pose_landmarks,
                          mp_pose.POSE_CONNECTIONS)
```

最初にMediaPipeの `pose` 関連のライブラリを使うための設定を行っています。`min_detection_confidence=0.5` は判定の確信度で0.5以上としています。また、`static_image_mode` では対象が静止画像であることを指定しています。なお、ランドマークとは、この場合、関節などの位置のことです。

● ランドマーク
URL https://developers.google.com/mediapipe/solutions/vision/
pose_landmarker

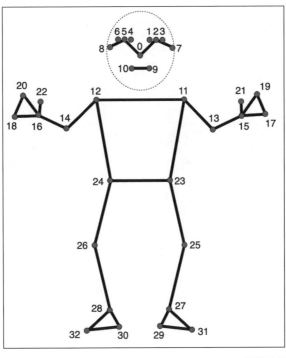

クラウド環境による簡易的な画像認識

　元画像（のコピー）に、推定されたランドマークを書き込むには `drawing_utils` の
`draw_landmarks` メソッドを使います。メソッドで指定しているのは、書き込む画像
（ `posed_img` ）、ランドマークを記録したリスト（ `results.pose_landmarks` ）、そ
れぞれのランドマークをつないで描くための情報（ `mp_pose.POSE_CONNECTIONS` ）
です。2つ目のランドマークリストは、推定結果を保存した `results` オブジェクトに
`.pose_landmarks` として保存されています。ランドマークをつなぐ情報については、
ポーズ推定ライブラリに `POSE_CONNECTIONS` として用意されています。

　これでポーズ推定ができていますのでGoogle Colaboratory上で表示してみます。

```
cv2_imshow(posed_img)
```

　色調がおかしいことに気が付くと思います。実は、最初に画像を読み込む命令（ `cv2.imread` ）を使うと、色を表す3要素の順番がBGR（青、緑、赤）になっています。しかしながら、一般には色の3要素の順番はRGB（赤、緑、青）が使われています。そこで、RGBへの変換処理を加えて、もう一度やり直します。

```
# ポーズ推定の設定
mp_pose = mp.solutions.pose
pose = mp_pose.Pose(
    # 検出精度
    min_detection_confidence=0.5,
    static_image_mode=True)
mp_drawing = mp.solutions.drawing_utils

# ここでRGB形式に変換したイメージを用意
rgb_image = cv2.cvtColor(image, cv2.COLOR_BGR2RGB)
# 元画像から骨格を推定する
results = pose.process(image)
# ランドマークを書き込む
mp_drawing.draw_landmarks(posed_img, results.pose_landmarks,
                          mp_pose.POSE_CONNECTIONS)
```

```
cv2_imshow(rgb_image)
```

　なお、生成された画像をcv2ライブラリで保存するには次のようにします。この際には変換処理の必要はありません。

```
# prompt: posed_img をファイルとして保存する方法
cv2.imwrite('posed_image_rgb.jpg', posed_img)
```

顔の判定

顔の判定には、大きく3つの種類があります。

- 目や口、眉毛の位置を推定する方法
- 顔全体をメッシュ（網の目）のように推定する方法
- 瞳の位置を推定する方法

　本節では、最初に目や口、眉毛の位置を推定する方法を紹介します。続けて、顔全体をメッシュ（網の目）のように推定する方法を取り上げます。最後に、瞳の位置を推定する方法と、これら3つの推定結果を結合する方法を取り上げます。

　まず、目、口、眉毛を推定する方法です。ここで人物を正面から撮影した画像を判定させますが、ChatGPTのDALL·E 3に作成させた画像を使ってみましょう。

```
image = cv2.imread("/content/dalle3face.png")
cv2_imshow(image)
```

　推定処理を行います。基本的な流れはポーズ推定と同じです。ただし、推定結果を元画像に書き込む処理が、やや複雑になっています。

```
mp_face_mesh = mp.solutions.face_mesh

mp_drawing = mp.solutions.drawing_utils
drawing_spec = mp_drawing.DrawingSpec(thickness=1, circle_radius=1)
```

▼

```
drawing_styles = mp.solutions.drawing_styles

face_mesh = mp_face_mesh.FaceMesh(static_image_mode=True, max_num_faces=1,
                                  refine_landmarks=True,
                                  min_detection_confidence=0.5)

# 元画像をコピー
face_img = image.copy()
# cv2を利用して読み込んでいるので顔判定するにあたりRGBに変換
rgb_image = cv2.cvtColor(image, cv2.COLOR_BGR2RGB)

results = face_mesh.process(rgb_image)

# 推定結果を元画像に書き込む
for face_landmarks in results.multi_face_landmarks:
    mp_drawing.draw_landmarks(
    image= face_img,
    landmark_list = face_landmarks,
    landmark_drawing_spec = None,
    connections = mp_face_mesh.FACEMESH_CONTOURS,
    connection_drawing_spec = drawing_styles.get_default_face_mesh_contours_
style())
```

推定結果は次のような画像になります。

```
cv2_imshow(face_img)
```

05

クラウド環境による簡易的な画像認識

　元画像（のコピー）に顔のランドマークを書き込む処理で `for face_landmarks` として `for` ループを使っています。多くのランドマークが推定されており、その1つ1つを描画するためにループによる繰り返し処理を実行しています。

　次のようにすると、xyz座標が478セット推定されているのが確認できます。

```
print(len(results.multi_face_landmarks[0].landmark))
```

```
478
```

これら478セットについては次の画像からその位置がわかります。

● 顔のランドマーク座標

　URL https://developers.google.com/mediapipe/solutions/vision/
face_landmarker

　要するに指定された座標にランドマークを上書きしていくわけです。なお、座標は画像の左上を起点とした相対的位置を示しています。左上が **(0,0)** で、右下が **(1,1)** となるように正規化された座標です。正規化とは、数値を変換して0.0から1.0、あるいは-1.0から1.0の間などに収めることをいいます。AIでもよく使われる手法です。zの値は正規化されておらずマイナスの値や50近くの値になっていることがあります。このzは奥行きを表し、頭を起点として正の値の場合は手前位置を、また負の値の場合は奥を意味します。

● z座標について

　URL https://github.com/google/mediapipe/blob/master/docs/
solutions/face_mesh.md#static_image_mode

　URL https://github.com/google/mediapipe/issues/742

connections と connection_drawing_spec で描画スタイル、この場合は眉
毛、目、口を大まかに結んだ線を描くことを指定しています。メソッドの名前（ drawing_
styles.get_default_face_mesh_contours_style() ）は非常に長いです
が、ここはMediaPipeにあらかじめ用意されているオプションから指定することになります。
この2つの指定を変えることで、描画スタイルの変更ができます。

実際に変更して顔の細部を推定したメッシュ画像に変えてみます。

```
face_img = image.copy()
for face_landmarks in results.multi_face_landmarks:
    mp_drawing.draw_landmarks(
    image= face_img,
    landmark_list = face_landmarks,
    landmark_drawing_spec = None,
    # 以下2つの指定を変更
    connections = mp_face_mesh.FACEMESH_TESSELATION,
    connection_drawing_spec = drawing_styles.get_default_face_mesh_
tesselation_style())
```

先の例の違いは、connections と connection_drawing_spec の2つの指定
になります。なお、一方を変更した場合、他方も適切に指定し直す必要があります。

```
cv2_imshow(face_img)
```

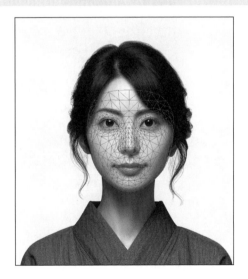

179

この2つの指定をさらに変えると、瞳の位置の推定となります。

```
face_img = image.copy()

for face_landmarks in results.multi_face_landmarks:
  mp_drawing.draw_landmarks(
    image= face_img,
    landmark_list = face_landmarks,
    landmark_drawing_spec = None,
    # 以下2つの指定を変更
    connections = mp_face_mesh.FACEMESH_IRISES,
    connection_drawing_spec = drawing_styles.get_default_face_mesh_iris_
connections_style())
```

ちなみに、最後の命令の途中に出てくる iris というのが瞳を意味しています。

```
cv2_imshow(face_img)
```

なお、これら3つの推定結果をすべて書き込むことも可能です。上記の3つのコードを順番に実行していけばよいだけです。

```
face_img = image.copy()

for face_landmarks in results.multi_face_landmarks:

  mp_drawing.draw_landmarks(
    image= face_img,
    landmark_list = face_landmarks,
```

```
      landmark_drawing_spec = None,
      connections = mp_face_mesh.FACEMESH_CONTOURS,
      connection_drawing_spec = drawing_styles.get_default_face_mesh_contours_
  style())

    mp_drawing.draw_landmarks(
      image= face_img,
      landmark_list = face_landmarks,
      landmark_drawing_spec = None,
      connections = mp_face_mesh.FACEMESH_TESSELATION,
      connection_drawing_spec = drawing_styles.get_default_face_mesh_
  tesselation_style())

    mp_drawing.draw_landmarks(
      image= face_img,
      landmark_list = face_landmarks,
      landmark_drawing_spec = None,
      connections = mp_face_mesh.FACEMESH_IRISES,
      connection_drawing_spec = drawing_styles.get_default_face_mesh_iris_
  connections_style())
```

```
cv2_imshow(face_img)
```

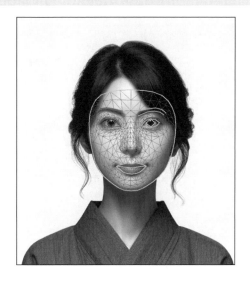

Azureによる画像判別（異常検知）

　本節では、Azure Custom Visionの利用例を紹介します。ここで紹介する内容を自分自身で試すには、Azureのアカウントが必要になります。

　下記にAzureに新規アカウントを作成して「無料で開始する」手順を示しますが、Azureのサイトデザインやサービス名称はよく変更されるので、大まかな手順と理解してください。

　日本語版のAzure Portalサイトのサインアップページにアクセスします。

- ● Azure Portal

    URL　https://azure.microsoft.com/ja-jp/get-started/azure-portal

「無料で試す」あるいは「無料アカウント」などのメッセージを見つけてクリックします。

サインインを促されたら、新規の「作成」リンクをクリックします。

適宜、入力します。

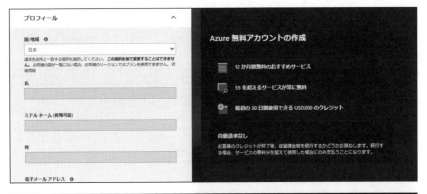

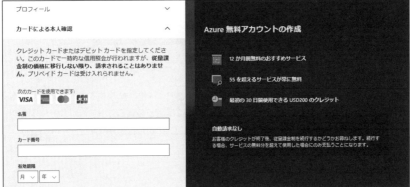

　無料アカウントですが、クレジットカードの入力を求められます。課金されるステージに移る場合は、その確認があります。その際に同意しない限り課金されることはないはずです。無料アカウントを作成して改めてログインします。

クラウド環境による簡易的な画像認識

　Azure Portalにログインできました。それでは、画像認識サービスであるCustom Visionを利用したいと思います。検索欄に「Custom Vision」と入力し、候補をクリックします（入力は途中まででも構いません）。

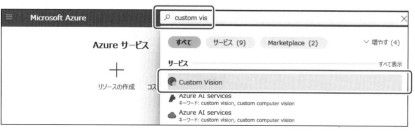

「＋作成」をクリックします。

必要欄を入力します。

ホーム > Azure AI services | Custom Vision >

Custom Vision の作成   …

プロジェクトの詳細

サブスクリプション * ⓘ
　　　Azure subscription 1

└── リソース グループ * ⓘ
　　　CustomVisionTest
　　　新規作成

インスタンスの詳細

トレーニング リソースと予測リソースは、同じリージョンに作成されます。

リージョン ⓘ
　　　Japan East

名前 * ⓘ
　　　aicenterinstan

トレーニング リソース

トレーニング リソースの価格を選択します。

トレーニング価格レベル * ⓘ
　　　Free F0 (2 Transactions per second, 2 Projects)

価格の詳細を表示

予測リソース

予測リソースの価格を選択します。

> ❶ このリソースの種類の Free レベル (F0) は、お客様のサブスクリプションで既に使用されているため、下のドロップダウンには表示されません。

予測価格レベル * ⓘ
　　　Standard S0 (10K Transactions per month)

---

01 02 03 04 **05** 06 A

クラウド環境による簡易的な画像認識

　サブスクリプションは既定の値が入力されているはずです。リソースグループは「新規作成」を押して作成した上で、リストから選択します。サブスクリプションは課金の単位で（現在、無料版を利用していますが、Azureの基本的な構成が踏襲されています）、リソースグループは、Azureで作成するプロジェクトやサービスをまとめる単位になります。たとえば、リソースグループを分けることで、（有料版に移行した場合）どのプロジェクトあるいはサービスにどれくらい費用が発生しているかを確認しやすくなります。

　「作成」をクリックすると、次のページに遷移します。

　「2」のCustom Visionポータルに移動します。

「SIGN IN」ボタンをクリックして進みます。

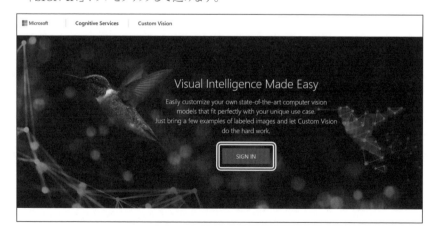

　ここから「NEW PROJECT」ボタンをクリックすることで、画像認識のプロジェクトを作成できますが、まずデータを用意しておきます。

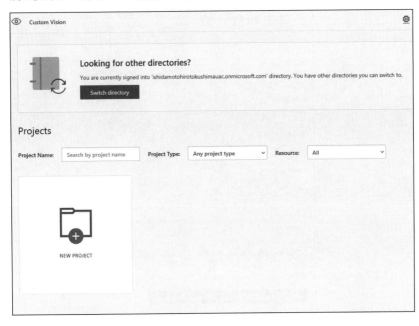

▐▐▐ MVTec異常検知サンプルデータ

　MVTec Anomaly Detection Dataset（MVTec AD）というデータセットがあり、画像認識による異常データの発見を試すことができます。

- ● MVTec Anomaly Detection Dataset
  - `URL` https://www.mvtec.com/company/research/datasets/mvtec-ad/

クラウド環境による簡易的な画像認識

M/TEC

Dataset download:

_____

First Name *
First Name

Last Name *
Last Name

Email *
name@example.com

Position/Function
Teacher, Researcher, Student

*
☐ I am aware that the datasets are for non-commercial use only.

☐ Yes, I would like to receive the MVTec Campus Newsletter.

Click here to read MVTec's privacy policy.

SUBMIT AND CONTINUE TO DOWNLOAD PAGE ◇◇

　必要な項目に入力します。商用利用はしないこと、またMVTec社のニュースレターを受け取ることをチェックし、ダウンロードページに移行します。

　「Capsule（385MB）」をダウンロードします。`capsule.tar.xz` という形式の圧縮ファイルがダウンロードされます。これは、カプセル錠剤について破損品と正常品それぞれの画像を集めたデータセットになります。xzという圧縮形式はWindowsの標準アプリケーションでは解凍できません。7-zipなど、よく使われている圧縮・解凍ソフトウェアを導入してください。7-zipをインストール後、圧縮ファイルを右クリックで展開します。

- 7-zip

　URL　https://7-zip.opensource.jp/

　Macであれば、ターミナルを起動し、ダウンロード先のフォルダ（ディレクトリ）に移動して `xz -d capsule.tar.xz` というコマンドを実行します。

　解凍すると `groud_truth`、`test`、`train` という3つのフォルダが確認できます。試しに `train` フォルダを開くと、さらに `good` というフォルダがあり、ここには正常品の画像が含まれています。一方、`test` のほうには `good` の他、`crack`、`poke`、`scratch`、`squeeze`、`faulty_imprint` というフォルダがあり、これらには各種不良品の画像が含まれています。`ground_truth` というフォルダは、各種の不良個所を白抜き画像で表した白黒画像が収められています。

　ここでは train フォルダ内の good フォルダから50個の画像を正常品データとします。不良品の画像データですが、test フォルダ内の各種フォルダにあるデータを利用することにします。train フォルダ内に新たに bad というフォルダを新規作成します。crack、poke、scratch、squeeze、faulty_imprint それぞれのフォルダから、000.png から 009.png をコピーして、いま作成した bad フォルダに保存します。なお、ファイル名が重複するため、保存の際に名前を変える必要がありますが、Windowsでコピーペーストする場合、ファイル名の重複を検知して、自動的にファイル名に「コピー」を加えた別名に変えて保存してくれるか、あるいは警告ダイアログが出て「コピーするが両方のファイルを保持する」ことができます。この場合、000(1).png のようにファイル名が自動的に変更されます。

▌▌ プロジェクトの作成

　画像データが用意できたので、「NEW PROJECT」ボタンをクリックします。

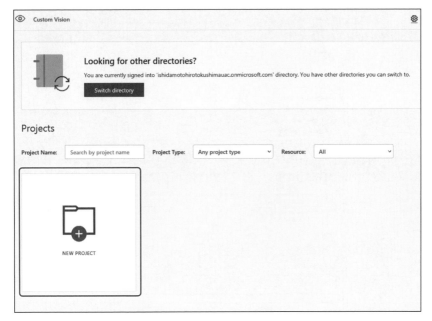

　Nameは「capsule test」などと適当な名前を入力します。Descriptionは省略可能です。

Resourceについては「create new」をクリックし、次のように入力します。中央の
Resource Groupは先ほど用意した名前をクリックして選びます。

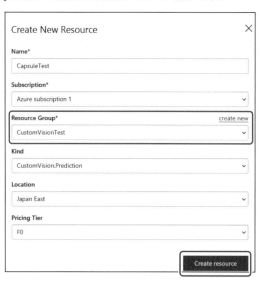

　「Create new project」に戻って、その下にあるProject Types、Classification Types、Domainsはデフォルトのままで構いません。Project Typesは分類か物体認識を選びます。今回は正常品か不良品かを見分ける分類にあたります。Classification Typesは1つのイメージに複数のクラスがあるかどうかで、今回のように1つの画像について正常品か不良品かいずれかのクラス（ラベル）が割り当てられる場合は「Multiclass (Single tag per image)」を選びます。1つの画像に犬や猫、人など複数の物体があり、それぞれを分類する場合は「Multilabel（Multiple tags per image）」となります。

　最後のDomainでは、タスクによってはAzure Custom Visionに用意されている食べ物（Food）や小売品（Retail）などを学習した画像認識学習済みモデルを利用することもできます。ただし、ここでは独自データを与えますので「General［A2］」を選びます。「General［A1］」はデータ数が多い場合の選択肢です。

01
02
03
04
05
06
A

クラウド環境による簡易的な画像認識

プロジェクトが作成されたら、、上にある「Add images」をクリックします。

最初に `train` フォルダの `good` フォルダを選択し、`000.png` から `049.png` まで選択します。最初に `000.png` をクリックし、次にShiftキーを押しながら `049.png` をクリックすることで、50枚の画像を選択できます。あるいはCtrlキーを押しながらAキーを押すことでも、フォルダ内のすべての画像を選択できます。

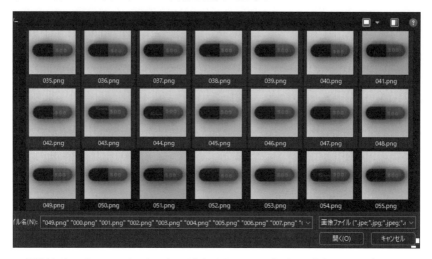

「開く」ボタンをクリックすると、次のようなダイアログが表示されます。ここで左下に、これらのファイルのタグとして `good` と入力します。

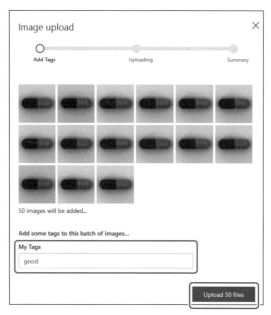

「upload XX files」ボタン（XXは選択したファイル数）をクリックしたら、同じ手順で、 train の bad フォルダを登録します。すべて画像を選んで「開き」、タグとして bad を入力してアップロードします。

これで学習データがセットされました。

次に学習を行います。右上の「train」というボタンを押します。すると2つの選択肢があります。ここではデフォルトの「Quick Taining」をONにし、「Train」ボタンをクリックします ます。今回のデータの場合、数分で学習は終了するはずです。

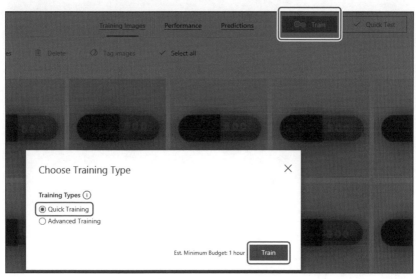

ちなみに「Advanced Training」をONにすると、次のようにダイアログの設定が増えます。

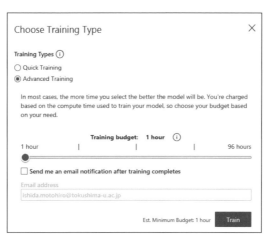

　「Advanced Training」をは学習に時間がかかりますが、その分、学習能力は高くなります。それは、登録された画像に対してデータ拡張という処理が行われるからです。データ拡張では、登録された画像を上下逆さにするなどして、疑似的に新規の画像を加えることで、学習画像の量を増やす処理です。また、処理に30分程度かかります。有料登録している場合、相応の料金がかかるので注意が必要です。

　学習が終わると、「Performance」というタブが開きます。

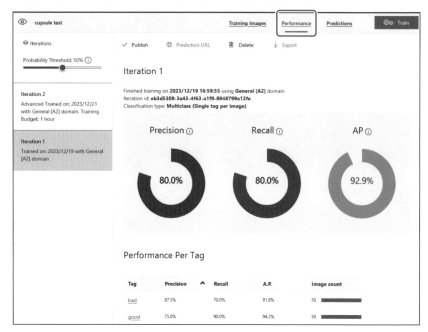

　円グラフは予測精度を表しています。精度を評価する指標として「Precision Recall AP」が表示されています。

▌Precision（適合率）

　適合率は（正常品あるいは不良品のいずれかを陽性とみなして）陽性と予測した項目のうち、実際に陽性であった項目の割合です。計算としては、True Positives（TP: 陽性と予測して実際に陽性だったもの）の数を、True PositivesとFalse Positives（FP: 誤って陽性と予測したもの）の合計で割ったものです。適合率は、偽陽性（誤検出）を避けることを重視する場合に有用です。偽陽性とは、たとえば正常品を不良品と間違えてしまうことです。商品として出荷することを考えると、不良品を見落とすよりはよいかもしれませんが、正常品を廃棄することにつながるので、製造コストという面では適合率は高いほうが望ましいです。

Recall（再現率）

再現率は（正常品あるいは不良品のいずれかを陽性とみなして）実際に陽性であった項目のうち、陽性と予測された項目の割合です。True Positivesの数を、True PositivesとFalse Negatives（FN：陽性であるにもかかわらず、誤って陰性と予測したもの）の合計で割ったものです。実際に陽性であるサンプルをどれだけ捕捉できているかを測定します。たとえば、病気を診断してもれなく陽性と判断することを目指す場合に適切な指標です。

ここで不良品が陽性であるとすると、不良品をどれだけ見落としていないかの指標になります。

再現率と適合率のトレードオフ

ただし、どんな画像でも常に陽性と予測すると、自動的に再現率は100％になります（陽性であるにもかかわらず誤って陰性と予測することがなくなるため）。

すると陰性のケースも誤って陽性と識別してしまうことが多くなり、結果として適合率が低下します。

一方、適合率を高めるためには、より確信があるケースだけを陽性として識別する必要があります。これにより適合率は向上しますが、この厳格な基準によって陽性のケースのいくつかを見逃してしまい、結果として再現率が低下する可能性があります。適合率と再現率の関係は、トレードオフにあるといわれます。

AP（Average Precision）：トレードオフの管理

このトレードオフを管理するために、多くの場合、適合率と再現率のバランスを取ることを目指します。バランスの判断は課題によって異なります。たとえば、医療診断では、再現率（病気のケースを見逃さないこと）を優先することが一般的ですが、スパムメールのフィルタリングでは、適合率（実際にスパムであるメールだけをフィルタリングすること）を重視するかもしれません。

Azure Custom Visionでは、バランスの取れた指標としてAPが使われます。AI分野では、他にAUCやF1スコアという指標も使われます。AUCでは真陽性率（TPR、または再現率）と偽陽性率（FPR）が計算に使われます。一方、F1は適合率と再現率の調和平均であり、両者のバランスを考慮した指標です。

今回の結果に戻ると、適合率と再現率がともに80％で、APが92.9％となりました。決して悪い値ではありません。しかしながら、ほどほど誤判定が生じることも意味しています。試してみましょう。右上の「Quick Test」をクリックします。

　test フォルダにある不良品のフォルダから、010番以降の画像（学習に使っていない画像）を選択します。すると、右下に予測結果が表示されます。この場合、badである確率が77.6%ほどとなりました（したがって、goodである確率は22.4%ほどとなります）。他の画像を試してみると、判別を間違えることがままあることに気が付くとと思います。

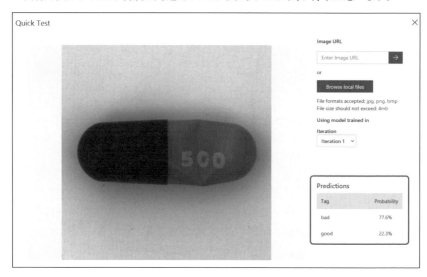

　ここで学習（訓練）を「Advanced」に変更した例を下記に紹介します。

　筆者が試したときには30分弱ほどかかりましたが、いずれの指標も100%となっており、精度が各段に上がっています。

Azure Custom Vision API

　Azure Custom Visionで学習を行うと、これをAPIを通して利用する仕組みが整っています。「Performance」タブを開いていると、左上に「Publish」というメニューがあります。これをクリックし、「Publish」ボタンをクリックします。

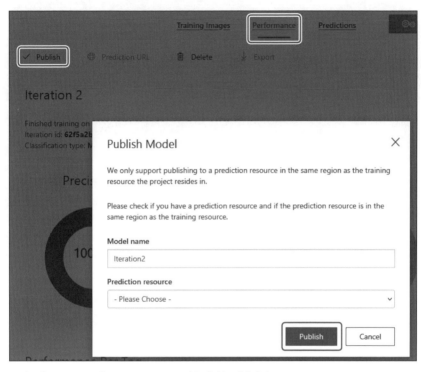

　するとメニューの「Prediciton URL」が有効になります。

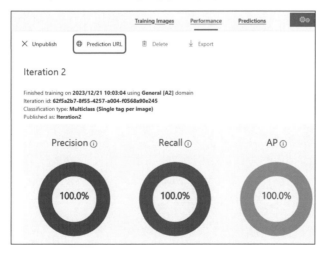

「Prediciton URL」をクリックすると、次のような情報が表示されます(一部を伏字にしています)。

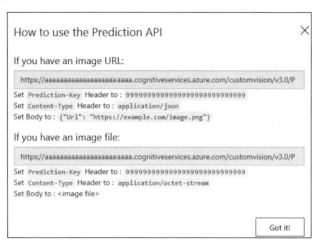

How to use the Prediction API ✕

If you have an image URL:

https://aaaaaaaaaaaaaaaaaaaaaaaa.cognitiveservices.azure.com/customvision/v3.0/P

Set `Prediction-Key` Header to : 99999999999999999999999999999

Set `Content-Type` Header to : `application/json`

Set Body to : `{"Url": "https://example.com/image.png"}`

If you have an image file:

https://aaaaaaaaaaaaaaaaaaaaaaaa.cognitiveservices.azure.com/customvision/v3.0/P

Set `Prediction-Key` Header to : 99999999999999999999999999999

Set `Content-Type` Header to : `application/octet-stream`

Set Body to : `<image file>`

Got it!

APIのエンドポイントやアクセスキーがわかります。アプリケーションやWebサイトの開発で、これらの情報を利用することで、ここで作成したAIを組み込むことが可能になるのです。

Azure Custom Vision APIの利用

前節でAzure Custom Visionについて紹介しましたが、その最後にAzureでは Prediciton URLとしてAPIが自動的に設定されました。ここでそのAPIを利用する例を 紹介しましょう。

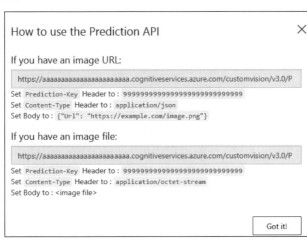

薄いグレーに書かれているURLがエンドポイントになります。画像の指定には2種類 があり、1つはすでにインターネット上に上げられている画像のURLを指定する方法と、も う1つは手元にある画像を指定する方法になります。ここでは後者を試します。Google Colaboratoryに、test フォルダの squeeze フォルダから、0.18.png をアップロード して、その画像名を指定します。

```
import requests
import json
# エンドポイントを指定
url = "https://xxxxx.cognitiveservices.azure.com/customvision/v3.0/
Prediction/xxxxx/classify/iterations/Iteration2/image"
# ヘッダーの設定
headers = {'content-type':'application/octet-stream', 'Prediction-Key':'xxxxx'}
# リクエストを送る
response = requests.post(url, data=open("018.png","rb"), headers=headers)
```

05
クラウド環境による簡易的な画像認識

結果はJSONフォーマットで返ってきています。

```
{'id': 'adc439bb-0679-4321-a155-8ee3e796968e',
 'project': 'd13b88e0-870b-4c5d-b6a2-f7a5ba977df8',
 'iteration': '62f5a2b7-8f55-4257-a004-f0568a90e245',
 'created': '2024-02-24T05:31:50.489Z',
 'predictions': [{'probability': 0.98787504,
   'tagId': '0a1ace17-1e50-4cd6-9714-23ece8523550',
   'tagName': 'bad'},
  {'probability': 0.012124979,
   'tagId': '31c84b58-fbac-4683-918b-f2fa8d01c674',
   'tagName': 'good'}]}
```

'predictions' キーに、2つの値が入っています。ここでは不良品か正常品かの2択で判定しており、最初が前者について判定結果で、2つ目が後者です。そこで ["predictions"][0]["tagName"] で前者を、["predictions"][1]["tagName"] で後者を抽出できます。また、それぞれの確率は ["predictions"][0]["probability"] と ["predictions"][1]["probability"] で参照できます。

```
analysis = response.json()
name, pred = analysis["predictions"][0]["tagName"], analysis["predictions"]
[0]["probability"]
print(name, pred)
name, pred = analysis["predictions"][1]["tagName"], analysis["predictions"]
[1]["probability"]
print(name, pred)
```

```
bad 0.98787504
good 0.012124979
```

不良品である確率が98%強という結果でした。

Azure Custom Visionでモデルを学習すると、APIを簡単に用意できます。このAPIを使えば、自社サイトに画像をアップロードして判定する仕組みを組み込んだり、あるいは独自アプリを作成することができるようになります。Azure Custom Visionについては、Microsoftの公式説明もぜひ参照してください。

● Microsoft Azure

URL https://learn.microsoft.com/ja-jp/azure/ai-services/
custom-vision-service/getting-started-build-a-classifier

CHAPTER 06

画像認識AIの基礎

本章で学ぶこと

　近年ではディープラーニング技術によって構築された高精度な画像認識AIがさまざまなサービスで用いられています。画像認識AIの性能は非常に高く、人間と顕色ない認識能力を持っており、カメラと組み合わせることで人間の眼の代わりを担うこともできるようになってきました。しかし、現代の技術に至るまでに研究者たちはさまざまな研究と苦労を積み重ねてきており、その過程で生まれた知識や技術は画像認識AIを学ぶ上で欠かせないものとなっています。本章では画像認識の歴史をなぞりながら、現代の画像認識AIの基礎について学びます。

01

02

03

04

05

06

画像認識AIの基礎

A

SECTION-031

画像認識とは

　画像認識とは画像や動画から物体やパターンなどを識別することであり、コンピュータにおける画像認識の技術はコンピュータビジョンの一分野として古くから研究されています。人間の眼と脳の画像認識能力は非常に高く、コンピュータで再現することは困難であるとされています。人間は視認している物体に対して「これは〇〇だ」と教えられると、「この物体は〇〇である」と記憶することができます。そしてその物体が動いたり、物体が存在する周辺環境が変化したとしても、人間はその物体を識別することができます。

　たとえば上図のように、犬が横を向いていたり、犬種が異なっていたり、背景がまったく異なっていたりしても、犬であることは簡単に識別できます。上図の右上の画像は絵ですが、絵であることが犬と識別することに何らかの影響を与えることはありません。このように、人間にとって画像認識というのは大して難しいことではなく、普段から当たり前のように行っています。しかし、ディープラーニングが登場するまで、コンピュータが人間と同等の画像認識を再現することは非常に困難でした。その理由については後述します。

　さて、コンピュータにおける画像認識には主に次の3つのタスクがあります。

- 画像分類
- 物体検出
- セグメンテーション

　画像分類は画像が属するグループ（**クラス**）を予測すること、物体検出は画像内の物体の位置と物体が属するグループを予測すること、セグメンテーションは画像内の画素が属するグループを予測することを表します。

　パグの画像に対する画像分類、物体検出、セグメンテーションのイメージとしては下図のようになります。

　画像分類ではパグが写った画像を入力すると「この画像はパグの画像です」という出力を得ることを目標とします。

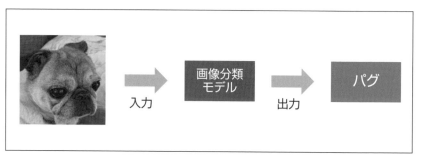

　クラスは画像にあらかじめ人手で付与された「パグ」という文字列（**ラベル**）に基づいて定義されます。一般的には画像分類、物体検出、セグメンテーションの順にモデル構築の難易度が高くなり、ラベルを付与する作業（**ラベリング**または**アノテーション**）にかかる労力が増えます。

SECTION-032

AIの歴史と画像認識

AIの歴史年表を下記に示します。

年	出来事とキーワード
1950-1960	人工知能という言葉の誕生、チューリングテスト、単純パーセプトロン
1960-1974	第1次AIブーム到来、人工知能イライザ（ELIZA）
1974-1980	AI氷河期、ネオコグニトロン（畳み込みニューラルネットワーク）
1980-1987	第2次AIブーム到来、エキスパートシステム、誤差逆伝播法
1987-1993	AI氷河期、LeNet
1993-	第3次AIブーム到来、機械学習、深層学習
2012	AlexNet
2022	第4次AIブーム?、生成AI、ChatGPT、Stable Diffusion、Midjourney
2023	Bard、Microsoft 365 Copilot、DALL-E3、VALL-E、Adobe Firefly

人工知能という言葉は1950年代にはじめて登場しました。その後、第1次AIブーム、第2次AIブームを経て、現代は第3次AIブームと呼ばれています。また、2022年以降はChatGPTをはじめとした生成AIのサービスが世間に大きなインパクトを与え、一部では第4次AIブームが始まったともいわれています。

第1次AIブームと第2次AIブーム

第1次AIブームと第2次AIブームでは、コンピュータが人間のような振る舞いをするように、人間が大量の規則をプログラミングすることでAIを作っていました。たとえば、「明日の天気は何ですか」という文章の入力があったとき、「明日の天気は○○です」と返すように、あらかじめプログラミングを行った対話型AIを考えます。このAIに「明日の天気は何?」という文章を入力すると、入力文が事前にプログラミングした文章と異なるため、AIは回答することができません。これに対応するために、新たに「明日の天気は何?」という文章もプログラミングしました。では、このAIに「あしたのてんきはなあに?」と入力してみます。やはりAIは回答できません。

このように、ただ実直に規則をプログラミングするだけではいたちごっこになり、人間のような柔軟な思考を持つAIを作ることは困難です。これは画像認識でも同様であり、多種多様な画像を認識するための規則を人間の手で漏れなくプログラミングすることは不可能でした。

⫴ 畳み込みニューラルネットワークの登場と発展

これらの課題が浮き彫りになったことでAIの限界が研究者たちの間で囁かれ、第1次AIブームおよび第2次AIブームの後にはAI氷河期と呼ばれる時代が訪れました。しかし、このAIブーム往来の最中に生まれた数々の技術によって現代のAIは成り立っています。

現代の画像認識AIの多くは**畳み込みニューラルネットワーク**（Convolutional Neural Network、CNN）と呼ばれる技術を用いており、CNNの元祖と呼ばれる技術が1979年に福島らによって提唱された**ネオコグニトロン**です。その後、ネオコグニトロンに**誤差逆伝播法**を取り入れたCNN **LeNet**がヤン・ルカンらによって発表されました。LeNetは手書き文字の認識で優れた成果を挙げ、畳み込みニューラルネットワークの出発点となりました。

そして、2012年に開催された画像認識の精度を争うコンテストImageNet Large Scale Visual Recognition Challenge 2012（ILSVRC 2012）の画像分類タスクにおいて、ジェフリー・ヒントンらが発表したCNN **AlexNet**が圧倒的大差で優勝しました。

この出来事が火付けとなり、CNNは画像認識AIによく用いられる技術の1つとなりました。CNNは多くのデータと高性能なコンピュータを必要とするため、理論の発表から実用化までに長い空白の期間がありましたが、現代ではインターネットの普及や情報の電子データ化、コンピュータの性能向上などによって実用的な技術となりました。

⫴ 画像分類の手法

画像分類では、CNNが主流となるまでは、画像から**特徴量**と呼ばれる数値のかたまり（多次元ベクトル）を画像から抽出し、その特徴量を入力とした分類モデルを機械学習によって構築することが一般的な方法でした。画像はコンピュータ上では画素値と呼ばれる数値の2次元配列を用いて表現されます。カラー画像は色の成分（通常は赤・緑・青）を表す3つの2次元配列によって表現され、グレースケール（白黒）画像の場合は明暗を表す1つの2次元配列で表現されます。このような画像の成分を表す2次元配列を**チャネル**といいます。

画像データそのものはただの数値の羅列であるため、画像分類のために意味のある数値に変換する処理が必要となります。この意味のある数値のかたまりが特徴量と呼ばれています。そして、画像から得られた特徴量に対して分類するための線引きを行うのが分類モデルの役割となります。この流れを図で示すと次のようになります。

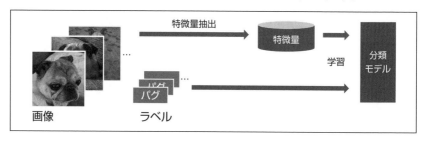

一方、CNNによる画像分類の流れは下図のようになります。

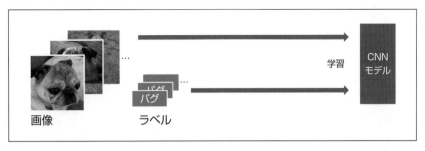

　従来の方法には、特徴量抽出の方法や分類モデルに入力する特徴量の選別など、特徴量について検討する工程(特徴量エンジニアリング)があり、画像処理の専門的な知識を必要としました。しかし、CNNを用いた画像分類では特徴量エンジニアリングを必要とせず、画像とラベルを用意してCNNモデルを学習させるだけで画像分類ができてしまいます。これはCNNが爆発的に流行するようになった要因の一つといえます。

　一方で、CNNモデルの内部の動きは人間にとって解釈が難しく、モデルが画像のどのような特徴を見ているのかを完全に把握することは困難であるため、アルゴリズムの解釈性としては従来の方法に軍配が上がります。したがって、CNNベースの方法が特徴量ベースの方法よりも絶対的に優れているとは限らず、目的に応じて使い分けることが重要です。

画像特徴量

　では、従来の方法に用いられていた画像特徴量にはどのようなものがあるのでしょうか。本節では、まず前提として知っておくべき**空間フィルタリング**という基本的な画像処理技術について解説し、画像認識によく用いられている代表的な画像特徴量について紹介します。

空間フィルタリング

　空間フィルタリングとは、画像に対して**フィルタ（カーネル）**と呼ばれる小さな画像を用いて、画像の局所的な特徴の強調や、画像のノイズ除去などを行う処理のことをいいます。空間フィルタリングの計算例を下図に示します。

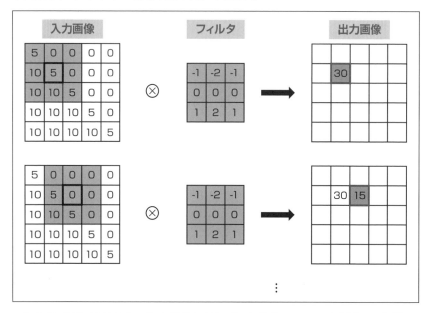

　この例では5×5ピクセルの入力画像に対して3×3ピクセルのフィルタを用いて空間フィルタリングを行っています。最終的には下図のようになります。

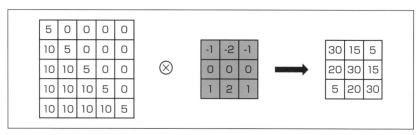

3×3ピクセルの出力画像が得られました。出力画像は対角成分に大きな値を持ち、入力画像における画素値の変化量が大きい部分に強い反応を示していることが確認できます。

空間フィルタリングでは次のような計算が行われています。

1 入力画像の着目画素とその周囲の画素に対して、フィルタの値との積和を計算する。

2 得られた値を着目画素の画素値とする。

3 着目画素をずらし、**1**〜**2**の計算を行う。

4 入力画像のすべての画素に対して**1**〜**3**の計算を繰り返す。

1 の計算を**畳み込み**といい、畳み込みニューラルネットワークの「畳み込み」とは、まさにこの計算のことを指します。畳み込みでは、対象とする領域の画素値とフィルタの値をそれぞれ乗算した後、すべて加算します。たとえば、この例における最初の畳み込みでは次のような計算が行われています。

$$
\begin{array}{lll}
5 \times (-1) & +0 \times (-2) & +0 \times (-1) \\
+10 \times 0 & +5 \times 0 & +0 \times 0 \\
+10 \times 1 & +10 \times 2 & +5 \times 1
\end{array}
$$

また、**3** における着目画素のずらし幅を**ストライド**といいます。この例におけるストライドは1ピクセルです。着目画素のずらしは基本的に画像の左上から画像の右下に向かって行います。ただし、入力画像の縁に位置する画素を着目画素としたときは周囲に画素が存在しない部分があるため、畳み込みを行うことができません。したがって、出力画像は入力画像よりも小さくなります。

入力画像と出力画像のサイズを統一するために、入力画像に対して縁を追加する処理を行うことがあります。これを**パディング**といい、特に画素値が0の縁を追加することを**ゼロパディング**といいます。

さて、より具体的に空間フィルタリングについてのイメージをつかむために、ここからは現実の画像を使って空間フィルタリングの例を見ていきます。サンプル画像としてパグの画像を使用します。

　サンプル画像に対してグレースケール変換を行い、先ほどの計算例と同様に、次のフィルタを用いて空間フィルタリングを行います。

-1	-2	-1
0	0	0
1	2	1

　結果として、次のような出力画像が得られます。

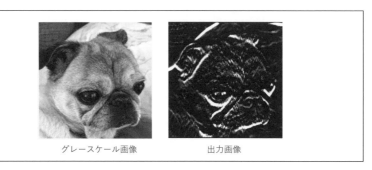

グレースケール画像　　　　　　　　出力画像

　明暗差が大きい部分に強く反応しており、出力画像ではパグの輪郭が浮かび上がっています。このフィルタを用いた空間フィルタリングでは物体の輪郭を抽出するという効果があることが確認できます。

　では、次に下記のフィルタを考えます。

$\frac{1}{9}$	$\frac{1}{9}$	$\frac{1}{9}$
$\frac{1}{9}$	$\frac{1}{9}$	$\frac{1}{9}$
$\frac{1}{9}$	$\frac{1}{9}$	$\frac{1}{9}$

　このフィルタによる畳み込みは対象とする画素値をすべて加算して9で割る計算と同義になります。すなわち平均化を行うフィルタです。このフィルタを用いて空間フィルタリングを行うと次のようになります。

グレースケール画像 　　　　　　　出力画像

　出力画像はぼけたような画像になりましたが、画像中の細かい画素値の変化がノイズとなる場合に、このフィルタはノイズ除去として効果を発揮します。

　このように、空間フィルタリングによってさまざまな画像処理を行うことができます。そして注目すべきことは、フィルタの値によって得られる画像（特徴）が異なることです。値が異なる複数のフィルタを用いて空間フィルタリングを行えば、画像から画像の特徴を表すさまざまな画像を新たに得ることができます。

　この「値が異なる複数のフィルタを用いて特徴を抽出する」という考え方が畳み込みニューラルネットワークの内部の動きと強く関連していますが、詳細は畳み込みニューラルネットワークの解説の中で述べます。

▓ カラーヒストグラム

　画像全体の色味を表す特徴量です。ヒストグラムは画素値の出現頻度を表します。サンプル画像のカラーヒストグラムのうち、赤のヒストグラムを抜粋して下記に示します。

```
[172. 174. 166. ... 0.  0.  0.]
```

　カラーヒストグラムをグラフ化すると次のようになります。

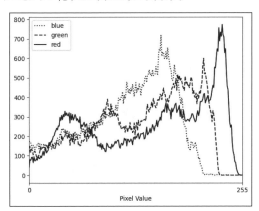

　横軸は画素値（Pixel Value）、縦軸は出現回数です。強い赤色成分が多く含まれていることが確認できます。

06
画像認識AIの基礎

211

Local Binary Pattern(LBP)

LBP特徴量は画像内の着目画素およびその周囲の画素の大小関係から生成される特徴量です。サンプル画像のLBP特徴量を抜粋して下記に示します。

```
[  1.   0. 177. ...  17.  19.   4.]
```

LBP特徴量を画像化すると以下のようになります。

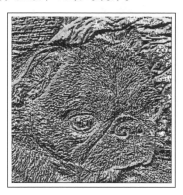

パグの輪郭や毛並みが強調されていることが確認できます。

Histgrams of Gradients(HoG)

HoG特徴量は画像内の分割された各領域における輝度の勾配方向ヒストグラムを連結することで得られる特徴量です。輝度の勾配とは隣接する画素値間における輝度(明るさ)の変化を表すベクトルです。HoG特徴量は輝度の勾配に着目した特徴量であるため、画像の明るさの変化に頑健です。サンプル画像のHoG特徴量を抜粋して下記に示します。

```
[0.39217517 0.36503767 0.39217517 ... 0.36568239 0.36568239 0.36568239]
```

各領域における輝度の勾配方向ヒストグラムを可視化すると次のようになります。

ぼんやりとパグの輪郭が確認できます。

Scale Invariant Feature Transform（SIFT）

　SIFT特徴量は特徴点の検出を行い、特徴点およびその周辺の輝度勾配ヒストグラムを連結することで得られる特徴量です。SIFT特徴量は物体の大きさや回転に対して頑健です。サンプル画像のSIFT特徴量を抜粋して下記に示します。

```
[ 8.  5.  6. ... 50.  5.  9.]
```

　特徴点およびその周辺の勾配方向ヒストグラムを可視化すると次のようになります。

　パグの眼や鼻、おでこ、耳などに強い反応があることが確認できます。

画像特徴量の限界

　画像特徴量は画像認識に限らずさまざまなタスクで用いられてきました。しかし、画像特徴量にはいくつかの限界があるといわれています。たとえば、画像特徴量は次のような画像に対して良質な特徴量を得られないことがあります。

- 撮影環境（照明や視点など）が異なる
- 物体の一部が遮蔽物で隠れている
- ノイズがある

　写っている物体が同じでも、現実の画像には無限といえるほどのパターンが存在します。物体の方向や照明の状態などは画像によって千差万別であり、物体が遮蔽物に隠されて全容が写し出されていない状況も多々あります。人間はこのような画像に対しても柔軟に物体を認識することができますが、画像特徴量を用いてこれらの変化に対応することは困難でした。
　画像特徴量の限界によって画像認識の精度が頭打ちとなっていた中で、CNNはこの万能な特徴量の抽出という課題を克服しました。そして、CNNは画像認識という分野を席巻することとなります。

ニューラルネットワーク

ここまで画像認識の歴史と従来技術について紹介してきました。ここからは現代の画像認識AIで最もよく用いられているCNNとその実装方法について詳しく見ていきます。

ニューラルネットワークとは

CNNの解説に入る前に、まずは**ニューラルネットワーク**について解説します。ニューラルネットワークは人間の脳の働きを模倣した数理モデルです。人間の脳は1000億個以上の神経細胞が構成する巨大なネットワーク構造になっており、この神経細胞は**ニューロン**と呼ばれています。ニューロンは信号を受け取ると、信号に対して何らかの処理を行い、他のニューロンに信号を送信します。それぞれのニューロンは約1万個のニューロンとつながっており、信号は非常に多くのニューロンを伝播していきます。こうして大規模な信号のやり取りを行うことで高度な情報処理を行っています。

ニューラルネットワークはこのネットワーク構造とニューロンの働きをコンピュータ上で再現し、人間の脳と同じ働きをするように設計されています。ニューラルネットワークは下図のような構造を持ちます。

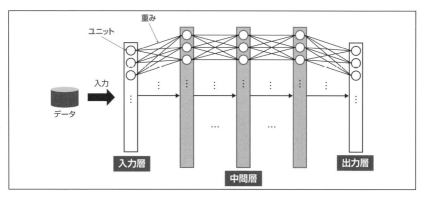

ニューラルネットワークは**入力層**、**中間層**、**出力層**の3つの層で構成されます。入力層はデータを受け取る層、中間層はデータを変換する層、出力層は出力を得る層であり、データは入力層から出力層に向かって流れていきます。

各層はニューロンを模した**ユニット**と呼ばれる部品を任意の数だけ持っており、各ユニットは前の層または次の層のユニットと結合しています。上図では、中間層および出力層は各ユニットが前の層のすべてのユニットと結合しており、このような層は**全結合層**とも呼ばれます。

なお、中間層が2層以上のニューラルネットワークはディープニューラルネットワーク（Deep Neural Network、DNN）と呼ばれ、DNNの学習は**深層学習**または**ディープラーニング**（Deep Learning）と呼ばれています。

では、1つひとつのユニットが行う計算について見ていきます。たとえば、x_1, x_2, x_3と
いう3つの信号を受け取るユニットは下図のように表すことができます。

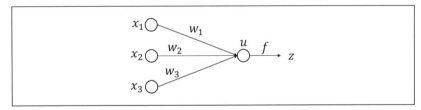

このユニットの出力zは次の式で計算されます。

$$u = w_1x_1 + w_2x_2 + w_3x_3 + b$$

$$z = f(u)$$

各信号に対して係数w_1, w_2, w_3をそれぞれ乗算し、定数bを加えてすべて加算した値
をuとします。uをある関数fに入力して得られた値が出力zとなります。係数w_1, w_2, w_3
を**重み**、定数bを**バイアス**といい、重みとバイアスをまとめて**パラメータ**といいます。関数
fは**活性化関数**といいます。ユニットは重みとバイアスを用いて入力信号を結合し、結合し
た信号に対して活性化関数を適用して信号を変換するという処理を行います。
　主要な活性化関数を下図に示します。

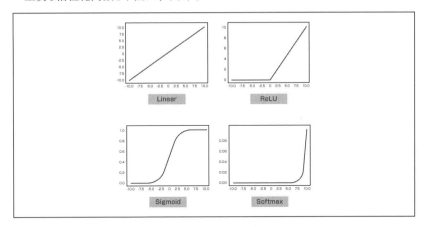

　Linear関数（線形関数）は入力された値をそのまま返す関数で、実数を出力する
ニューラルネットワークの出力層の活性化関数としてよく用いられます。Rectified Linear
Unit（ReLU）関数は0未満の値を0に変換する関数で、中間層の活性化関数としてよく
用いられます。Sigmoid関数は入力された値を0から1までの値（確率）に変換する関数
で、出力層の活性化関数としてよく用いられます。Softmax関数も入力された値を0から
1までの値に変換する関数で、多クラス分類の出力層でよく用いられます。
　現代では上記以外にもさまざまな活性化関数が考案されており、ニューラルネットワー
クの性能改善に貢献しています。

ニューラルネットワークの学習

さて、ユニットの計算ではパラメータと呼ばれる係数および定数を用いて積和計算を行いました。このパラメータはニューラルネットワークの**学習**によって決定されます。ニューラルネットワークの学習とは、出力層で所望の出力を得るようにパラメータの値を調節することをいいます。パラメータは学習前の最初の段階では適当な値で初期化されており、ニューラルネットワークの出力もデタラメな値となっていますが、ニューラルネットワークの学習が進むにつれて出力が望ましい値となるようにパラメータの値が最適化されていきます。

ニューラルネットワークの学習は次のように進んでいきます。

1 入力データを入力層に入力して出力層まで計算を行う。
2 出力層で得られた出力データと正解データの誤差を計算する。
3 1〜2を全サンプルに対して実行する。
4 誤差が小さくなるようにパラメータを調整する。
5 4を任意回数だけ繰り返す。

正解データとは入力データに対する正しい出力のことであり、入力データと正解データのペアは**教師データ**と呼ばれます。また、誤差の計算に用いる関数を**誤差関数**または**損失関数**といい、学習を繰り返す回数を**学習回数（エポック数）**といいます。

では、ニューラルネットワークの具体的な学習イメージをつかむために、例として次のデータを用いた学習を考えます。

サンプル番号	気温（度）	温度（%）	気分（スコア）
1	25	60	7
2	30	55	8
3	20	70	6
4	18	80	5
5	28	50	8
6	32	65	9
7	22	75	6
8	26	45	7
9	15	85	4
10	29	40	8

このデータは気温と湿度に対して気分のスコアを付けたデータです。全部で10個のサンプルがあり、気分のスコアは1から10の範囲としています。高い気温かつ適度な湿度のときはスコアが高くなりやすく、気温が低く湿度が高いときはスコアが低くなりやすいという大まかなデータの傾向があります。このデータを用いて、気温と湿度から気分のスコアを予測するニューラルネットワークモデルを考えます。次ページの図のようなモデルを仮定します。

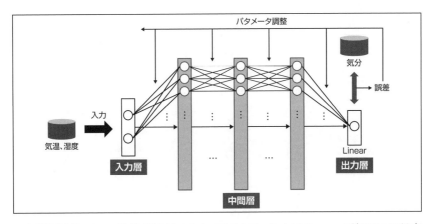

　気温と湿度の2つの数値が最初の入力であるため、入力層のユニット数は2つに設定します。また、出力は気分のスコア、すなわち1つの連続値であるため、出力層のユニット数は1、活性化関数はLinear関数を用います。なお、中間層に関しては適当に設定されているものとします。

　このモデルにサンプル1のみを用いて学習を行うことを考えます。まず、25と60を入力したところ、出力として5.2という値が得られました。次に、正しい出力（気分のスコア）は7であるため、誤差関数を用いて5.2と7の誤差を計算します。たとえば誤差関数を二乗誤差とした場合、誤差は$(5.2 - 7)^2 = 7.84$となります。最後に、誤差が小さくなるようにパラメータを調整します。

　上記は1つのサンプルを用いた場合のイメージですが、実際はいくつかのサンプルをまとめて入力し、それぞれのサンプルに対する誤差の平均値を計算します。このまとまった1つのサンプル群を**ミニバッチ**といい、ミニバッチにおけるサンプルの数を**バッチサイズ**といいます。

　バッチサイズを大きくすると入力データに共通する大まかな特徴を学習することができ、学習の高速化や学習の安定化といったメリットがありますが、一度に多くのデータを学習するため、計算に多くのメモリを必要とします。一方、バッチサイズを小さくすると1つひとつのデータに対して鋭敏に特徴を学習していくことができますが、学習が安定しにくくなります。したがって、バッチサイズは適度な値に設定する必要があります。

　バッチサイズの調整方法として、最初は小さな値に設定し、モデルの性能を見ながら少しずつ大きな値にしていくことが一般的です。

　うまく学習が進むと次第に誤差が小さくなっていき、モデルは気温・湿度と気分に間にある関係（関数）を習得していきます。そして、モデルは気温と湿度から気分のスコアを予測（計算）できるようになります。

　パラメータの調整は基本的に**勾配降下法**という方法を用いて行います。勾配降下法では次の式に従ってパラメータを調整します。

$$\mathbf{w} \leftarrow \mathbf{w} - \alpha \frac{\partial E(\mathbf{w})}{\partial \mathbf{w}}$$

wはパラメータ、$E(\mathbf{w})$は誤差関数を表します。αは**学習率**と呼ばれる値で、人間によってあらかじめ決定しておく値（ハイパーパラメータ）です。勾配降下法では、各パラメータにおける誤差関数の勾配（偏微分）をもとのパラメータから減算した値を新しいパラメータとします。学習率はパラメータの更新量を調節するための値です。勾配降下法のイメージは下図のようになります。

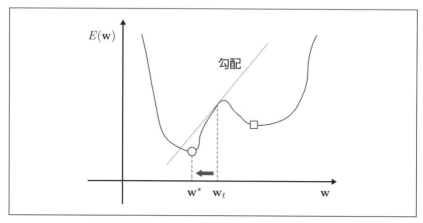

t回目の学習におけるパラメータを$\mathbf{w}_t$、誤差が最も小さくなるパラメータを$\mathbf{w}^*$とします。パラメータと誤差関数の出力値の関係を平面上で表現すると図のようなグラフで表すことができます。$\mathbf{w}_t$における勾配は右肩上がり、すなわち正の値をとっています。このとき、パラメータを負の方向に進めることでより誤差が小さくなることがグラフの形状から予想できます。同様に、勾配が右肩下がり、すなわち負の値をとるときはパラメータを正の方向に進めることで誤差が小さくなることが予想されます。つまり、勾配の方向とは逆の方向にパラメータを進めていくことで、いずれ誤差が最も小さくなるパラメータ（最適解）にたどり着くことができます。これが勾配降下法の考え方です。

誤差関数は複雑な形状をしており、局所的な最適解（グラフの谷底）がいくつも存在します。たとえば上図のグラフでは、四角点と丸点はいずれもグラフの谷底に位置する点ですが、四角点よりも丸点のほうが誤差が小さいため、誤差は丸点で収束することが理想的です。しかし、丸点にたどり着く前に、四角点の箇所でグラフの坂を登り切れず、誤差が四角点で収束してしまうことがあります。

これを避ける方法の1つとして学習率の調整があります。学習率を大きくするとグラフの山を越えやすくなりますが、誤差が収束しにくく、学習が安定しにくくなります。一方、学習率を小さくすると学習が安定しやすくなりますが、グラフの山を越えられず、より誤差が小さくなる点を探索できなくなる可能性が高まります。

したがって、バランスの良い適切な学習率の設定が重要となります。現代ではより効率よくパラメータを調整するさまざまな工夫が考案されていますが、ここでは詳細について割愛します。

畳み込みニューラルネットワーク

CNNは**畳み込み層**、**プーリング層**、**全結合層**から成るニューラルネットワークです。基本的なCNNの層構造を下図に示します。

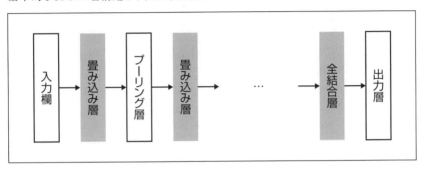

CNNは画像を入力とし、畳み込みとプーリングを繰り返すことで画像の複雑な特徴を抽出します。最後に全結合層で特徴をまとめ上げ、出力層で目的の出力を得ます。

入力層

CNNの入力層では画像の入力を行います。カラー画像（3チャネルの画像）を入力とする場合、入力層における入力データは高さ×幅×3の3次元配列として定義されます。

畳み込み層

畳み込み層では複数のフィルタを用いた画像の畳み込みを行います。前述の空間フィルタリングで述べた畳み込みと同様の計算を行いますが、異なるのはフィルタの値が学習によって決定されるという点です。これがCNN最大の特徴です。畳み込みに用いるフィルタの値をニューラルネットワークの学習によって決定することで、自動的に特徴抽出用の最適なフィルタを得ることができます。したがって、CNNでは特徴量エンジニアリングが不要となっています。

畳み込み層における畳み込みのイメージは下図のようになります。

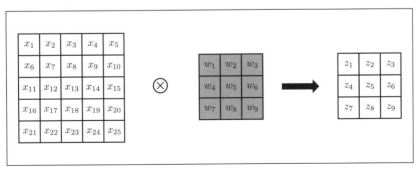

$x_1, x_2, \cdots, x_{24}, x_{25}$が入力画像の画素値、$w_1, w_2, \cdots, w_8, w_9$がフィルタの値（重み）、$z_1, z_2, \cdots, z_8, z_9$が出力画像（**特徴マップ**）の画素値です。ここでは5×5ピクセルの入力画像に対して3×3ピクセルのフィルタを用いた畳み込みを行い、3×3ピクセルの特徴マップを得ています。ただし、通常の畳み込みとは少し異なっており、たとえばz_1は次のように計算されます。

$$u_1 = w_1 x_1 + w_2 x_2 + \cdots + w_8 x_{12} + w_9 x_{13} + b$$

$$z_1 = f(u_1)$$

バイアスbが追加され、畳み込みの計算結果には活性化関数fが適用されます。つまり、ユニットと同様の計算を行っています。ただし、バイアスは1枚のフィルタに対して1つ用意されることが一般的であり、この共通のバイアスを用いて計算を行います。

入力画像が複数のチャネルを持つ場合は、次のように計算を行います。

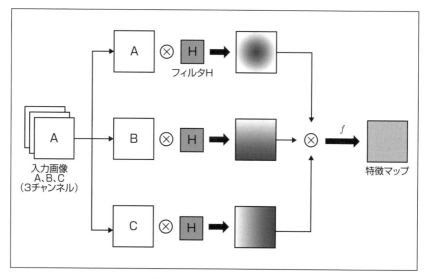

A、B、Cの3つのチャネルを持つ入力画像の各チャネルに対してフィルタHを用いた畳み込みを行い、各チャネルで得られた出力画像を画素ごとに加算した後、各画素に対して活性化関数を適用して特徴マップを得ます。このように、入力画像のチャネル数にかかわらず、1つのフィルタに対して1つの特徴マップが出力されます。したがって、複数のフィルタを用いて畳み込みを行ったとき、出力される特徴マップの枚数（チャネル数）はフィルタの枚数（**フィルタ数**）と同じになります。

III プーリング層

　プーリング層は畳み込み層で得た特徴マップの値を集約（**プーリング**）する層です。プーリングにより特徴の微小な位置ずれに対して頑健な特徴抽出が可能となります。プーリングには主に**最大値プーリング**と**平均値プーリング**の2つがあり、特に最大プーリングがよく用いられます。最大値プーリングと平均値プーリングの例を下図に示します。

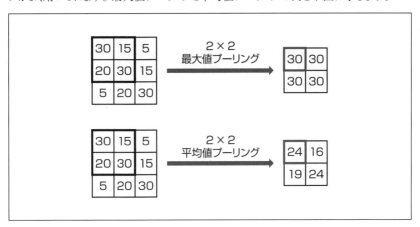

　最大値プーリングでは、あらかじめ設定したサイズの領域内の画素値の最大値をとり、新たに特徴マップを得ます。平均値プーリングでは平均値をとります。領域のずらし方は畳み込み層と同様です。

III 全結合層

　全結合層は最後の畳み込み層またはプーリング層の後に設置されます。最後の畳み込み層またはプーリング層の直後に設置された全結合層は、2次元配列である特徴マップをすべて結合して1次元配列に変換する役割を持ちます。こうして得られた1次元配列はネットワークを通じて最終的に得られた画像特徴量として扱うことができ、画像分類以外にもさまざまなタスクで用いることができます。

III 出力層

　出力層は全結合層と同様の計算を行いますが、目的に応じて適切な活性化関数を設定する必要があります。一般的に、二値分類やマルチラベル分類（1枚の画像に対して複数のクラスを予測するタスク）ではSigmoid関数、多クラス分類ではSoftmax関数が用いられます。

画像の前処理

CNNモデルの学習では画像の適切な前処理が重要となります。ここでは画像の前処理として頻繁に用いる正規化とデータ拡張について紹介します。

||| 正規化

正規化では画像の各画素値を0から1までの値に変換します。正規化は次の式に従って行います。

$$x^i_{norm} = \frac{x^i - x_{min}}{x_{max} - x_{min}}$$

x^iは正規化前の画素値、x^i_{norm}は正規化後の画素値、x_{max}は画素値の最大値、x_{min}は画素値の最小値です。一般的に画像の画素値は8ビットで表現されるため、$x_{max} = 2^8 - 1 = 255$、$x_{min} = 0$となります。

したがって、実際の計算は次の式のようになります。

$$x^i_{norm} = \frac{x^i}{255}$$

正規化は異なるスケールのデータのスケールをそろえるために行います。たとえば、医用画像（レントゲンなど）でよく用いられる16ビットの画像と一般的な8ビットの画像では画素値の最大値が異なり、16ビットの画像のほうが基本的に大きい値をとってしまうため、両方の画像を直接CNNモデルに入力すると値が大きいデータに学習が偏り適切な学習ができません。このような場合に正規化を行うことで、異なるスケールのデータに対しても適切に学習することができるようになります。また、正規化によって取りうる値の範囲が小さくなるため、モデルの計算が安定しやすくなるという効果も期待できます。

||| データ拡張

CNNモデルが画像のあらゆるパターンを対応できるようになるためには、大量のパターンのデータを用意する必要があります。しかし、実直にすべてのパターンの画像を用意しようとすると大変な労力を伴います。そこで、手元にあるデータに少し変化を与えて疑似的に画像の水増しを行うことで、モデルのロバスト性（未知データに対する頑健さ）を向上させるという学習テクニックがあります。

これを**データ拡張**といいます。よく用いられる画像のデータ拡張には次ページの図のようなものがあります。

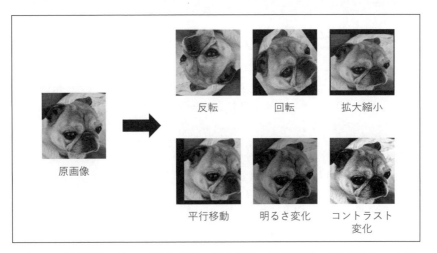

上図では原画像に対して反転、回転、拡大縮小、平行移動、明るさ変化、コントラスト変化をそれぞれ乱数に基づいて適用していますが、実際は反転や回転などが順に適用されていくため、より複雑なパターンの画像が生成されます。乱数は画像を読み込むたびに変化するため、画像には毎回微妙に異なったデータ拡張が適用されます。したがって、学習ごとに必ず少し異なる画像を学習していくことが可能となります。

回転や拡大縮小、平行移動を行うと画像に空白の部分ができます。黒で補完（0埋め）する方法以外にもいくつか補完方法があり、たとえば下図で示すような補完方法があります。

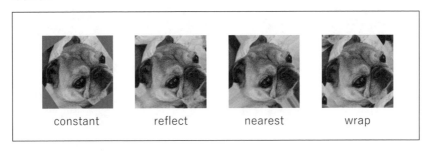

constantでは特定の画素値を用いて補完します。reflectでは境界で折り返した画素値を用いて補完します。nearestでは境界に最も近い画素値を用いて補完します。wrapでは境界を境に繰り返した画素値で補完します。

画像の種類や特性などを考慮し、適切な補完方法を選択する必要があります。

SECTION-037

畳み込みニューラルネットワークの実装

　では実際にCNNを実装していきます。今回は犬の画像とフクロウの画像を用いて、画像に写る物体が犬かフクロウかを予測する画像分類モデルを構築します。

環境構築

　まずは開発環境を作ります。次節でアプリケーション開発を行うため、開発は自分のパソコン（ローカル環境）で行います。したがって、自分のパソコンにPythonと必要なPythonパッケージをインストールする必要があります。今回は仮想環境の構築とPythonパッケージの管理が可能なAnacondaを使用します。Anacondaのインストール、Anaconda Promptの起動、Anacondaを用いた仮想環境の構築についてはAPPENDIXに詳しく記載しているので、参照してください。

　最初に仮想環境を作成します。Python 3.9を使用するため、Anaconda Promptを開いて次のコマンドを実行します。

```
conda create -n ai python=3.9
```

　`ai` の部分は仮想環境の名前であり、自由に指定することができます。実行すると次のような画面で止まります。

```
## Package Plan ##

  environment location: C:\Users\p1an0\anaconda3\envs\ai

  added / updated specs:
    - python=3.9


The following NEW packages will be INSTALLED:

  ca-certificates    pkgs/main/win-64::ca-certificates-2024.3.11-haa95532_0
  openssl            pkgs/main/win-64::openssl-3.0.13-h2bbff1b_0
  pip                pkgs/main/win-64::pip-23.3.1-py39haa95532_0
  python             pkgs/main/win-64::python-3.9.19-h1aa4202_0
  setuptools         pkgs/main/win-64::setuptools-68.2.2-py39haa95532_0
  sqlite             pkgs/main/win-64::sqlite-3.41.2-h2bbff1b_0
  tzdata             pkgs/main/noarch::tzdata-2024a-h04d1e81_0
  vc                 pkgs/main/win-64::vc-14.2-h21ff451_1
  vs2015_runtime     pkgs/main/win-64::vs2015_runtime-14.27.29016-h5e58377_2
  wheel              pkgs/main/win-64::wheel-0.41.2-py39haa95532_0

Proceed ([y]/n)?
```

　`y` を入力し、インストールを続行します。インストールが完了すると次のような画面に変わります。

```
  tzdata              pkgs/main/noarch::tzdata-2024a-h04d1e81_0
  vc                  pkgs/main/win-64::vc-14.2-h21ff451_1
  vs2015_runtime      pkgs/main/win-64::vs2015_runtime-14.27.29016-h5e58377_2
  wheel               pkgs/main/win-64::wheel-0.41.2-py39haa95532_0


Proceed ([y]/n)? y


Downloading and Extracting Packages:

Preparing transaction: done
Verifying transaction: done
Executing transaction: done
#
# To activate this environment, use
#
#     $ conda activate ai
#
# To deactivate an active environment, use
#
#     $ conda deactivate

(base) PS C:\Users\p1an0>
```

仮想環境の有効化（アクティベート）は次のコマンドを実行します。

```
conda activate ai
```

ai の部分は指定した環境名です。実行すると次のような画面になります。

```
  vc                  pkgs/main/win-64::vc-14.2-h21ff451_1
  vs2015_runtime      pkgs/main/win-64::vs2015_runtime-14.27.29016-h5e58377_2
  wheel               pkgs/main/win-64::wheel-0.41.2-py39haa95532_0


Proceed ([y]/n)? y


Downloading and Extracting Packages:

Preparing transaction: done
Verifying transaction: done
Executing transaction: done
#
# To activate this environment, use
#
#     $ conda activate ai
#
# To deactivate an active environment, use
#
#     $ conda deactivate

(base) PS C:\Users\p1an0> conda activate ai
(ai) PS C:\Users\p1an0>
```

(base) の部分が環境名 (ai) に変更されていれば仮想環境の有効化は成功です。今後、仮想環境上でパッケージのインストールやアプリケーションの実行などを行うときは必ず仮想環境を有効にしてから行います。

次に pip コマンドを用いて必要なパッケージをインストールしていきます。必要なパッケージは次の通りです。

- Jupyter
- Pillow
- Matplotlib
- TensorFlow
- Keras
- tf2onnx
- ONNX Runtime
- Tkinter
- tkinterdnd2

Jupyterはプログラミング、Pillowは画像の読み込み、Matplotlibはグラフ描画や画像の表示、TensorFlowとKerasはCNNモデルの構築と学習、tf2onnxはCNNモデルのONNXファイル化、ONNX RuntimeはONNXファイルの読み込みと実行、Tkinterとtkinterdnd2はアプリケーション開発に使用します。ONNXはOpen Neural Network Exchangeの略であり、さまざまなフレームワーク上で動作可能なニューラルネットワークモデルの保存形式としてよく用いられています。

今回はTensorFlowの高レベルAPIであるKerasを用いて構築・学習したCNNモデルをONNXファイルに変換し、ONNXファイルを用いて次節のアプリケーション開発を行います。

各パッケージをインストールするには次のコマンドをそれぞれ実行します。

```
pip install jupyter pillow matplotlib tensorflow
```

```
pip install tf2onnx onnxruntime
```

```
pip install tk tkinterdnd2
```

pip install の後ろにパッケージ名をスペースで区切って入力すると複数のパッケージを同時にインストールすることができます。KerasはTensorFlowをインストールすると自動的にインストールされます。

筆者が構築した仮想環境における各パッケージのバージョンは次の通りです。

パッケージ名	バージョン	パッケージ名	バージョン
jupyter	1.0.0	tf2onnx	1.16.1
pillow	10.3.0	onnxruntime	1.17.3
matplotlib	3.8.4	tk	0.1.0
tensorflow	2.16.1	tkinterdnd2	0.3.0
keras	3.3.3		

バージョン番号を特に指定していない場合は最新バージョンが自動的にインストールされます。もし最新バージョンでプログラムの動作に不具合が発生した場合は、各パッケージに対して上記のバージョン番号を指定してインストールしてください。また、上記のパッケージの他にもさまざまな依存パッケージがインストールされるため、安定したネットワーク環境下で環境構築を行うことをおすすめします。

▌ Jupyter Notebook

Jupyter Notebookを起動するには次のコマンドを実行します。

```
jupyter notebook
```

実行するとAnaconda Prompt上には次のような画面が表示された状態になりますが、Jupyter Notebookの操作中はAnaconda Promptを誤って閉じないように注意してください。

```
(base) PS C:\Users\p1an0> conda activate ai
(ai) PS C:\Users\p1an0> jupyter notebook
[I 2024-04-28 14:04:22.927 ServerApp] Extension package jupyter_lsp took 0.1011s
 to import
[I 2024-04-28 14:04:22.927 ServerApp] jupyter_lsp | extension was successfully l
inked.
[I 2024-04-28 14:04:22.943 ServerApp] jupyter_server_terminals | extension was s
uccessfully linked.
[I 2024-04-28 14:04:22.959 ServerApp] jupyterlab | extension was successfully li
nked.
[I 2024-04-28 14:04:22.959 ServerApp] notebook | extension was successfully link
ed.
[I 2024-04-28 14:04:24.383 ServerApp] notebook_shim | extension was successfully
 linked.
[I 2024-04-28 14:04:24.477 ServerApp] notebook_shim | extension was successfully
 loaded.
[I 2024-04-28 14:04:24.477 ServerApp] jupyter_lsp | extension was successfully l
oaded.
[I 2024-04-28 14:04:24.477 ServerApp] jupyter_server_terminals | extension was s
uccessfully loaded.
[I 2024-04-28 14:04:24.492 LabApp] JupyterLab extension loaded from C:\Users\p1a
n0\anaconda3\envs\ai\lib\site-packages\jupyterlab
[I 2024-04-28 14:04:24.492 LabApp] JupyterLab application directory is C:\Users\
p1an0\anaconda3\envs\ai\share\jupyter\lab
```

Jupyter Notebookの起動が完了すると、自動的にブラウザが起動し、ブラウザ上に次のような画面が表示されます。

この画面はJupyter Notebookのホーム画面であり、実際はユーザーのホームディレクトリ内に存在するファイルやフォルダが表示されます。新しくNotebookやファイル、フォルダを作成する場合は赤枠の箇所にある「New」ボタンを、ファイルやフォルダをアップロードする場合は「Upload」ボタンをクリックします。なお、今回はJupyter Notebookがローカル環境で動作しているため、ファイルやフォルダのアップロードは単にファイルやフォルダをコピーする操作となります。

「New」ボタンをクリックすると次のような候補が出ます。

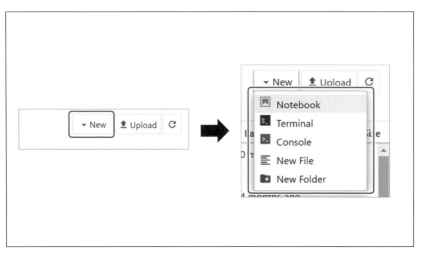

「Notebook」をクリックするとNotebookが作成され、次のような画面が開きます。

「Select Kernel」という画面が表示されますが、そのまま「Select」をクリックします。その後はGoogle Colaboratoryと同じようにコードの記述・実行が可能となります。

▌ データセット

本書のサポートサイト（https://genai-book.github.io/materials/）にアクセスし、`dataset.zip` をダウンロード・解凍してください。このデータセットはCaltech 256（https://data.caltech.edu/records/nyy15-4j048）というデータセットに含まれる犬の画像とフクロウの画像を用いて構築しています。`dataset` フォルダの中には次のような画像が入っています。

Jupyter Notebookを起動し、任意の名前（ここでは `dog_owl` ）のフォルダを作成した後、フォルダの中にダウンロードした `dataset` フォルダをコピーしてください。Pythonコード（ `.ipynb` ）もこのフォルダ内で作成・記述していきます。フォルダ構造は次のようになります。

jupyter

File View Settings Help

📁 Files   ⏺ Running

📁 / dog_owl /

☐ Name

☐ 📁 dataset

☐ ● 📄 train.ipynb

dataset フォルダの構造は次のようになっています。

フォルダのパス	内容	画像枚数(枚)
dataset/train/dog	学習用の犬の画像	82
dataset/train/owl	学習用のフクロウの画像	100
dataset/test/dog	テスト用の犬の画像	20
dataset/test/owl	テスト用のフクロウの画像	20

　学習用の画像はモデルの学習に用いる画像(学習データ)で、テスト用の画像はモデルの評価に用いる画像(テストデータ)です。一般的には、学習用、テスト用とは別に学習中のモデルの検証に用いる画像(検証データ、バリデーションデータ)を用意することもしばしばありますが、画像枚数が少ないため、今回はテスト用の画像を用いて学習中のモデルの検証を行います。

▌▌▌CNNの設計

　CNNは下図のように設計します。

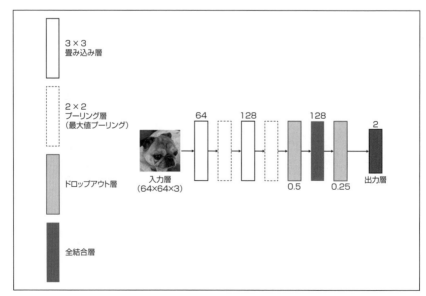

入力層における画像サイズは64×64ピクセルとし、カラー画像を用いるので入力層のチャネル数は3とします。中間層にはフィルタ数が64の畳み込み層とフィルタ数が128の畳み込み層を設置し、それぞれフィルタサイズは3×3ピクセル、活性化関数はReLUとします。また、それぞれの畳み込み層の後に2×2ピクセルの最大値プーリングを行うプーリング層を設置します。最後のプーリング層の後に、ドロップアウト率が50%のドロップアウト層を挟み、ユニット数が128、活性化関数がReLUの全結合層につなぎます。

ドロップアウトとはユニットを設定した確率に基づいてランダムにユニットを不活性(0にする)処理です。ドロップアウトによりモデルが学習データ対して過剰に適合する現象(過学習)を抑制することができます。

最後に、全結合層の後にドロップアウト率が25%のドロップアウト層を挟み、ユニット数が2、活性化関数がSoftmaxの出力層(全結合層)につなぎます。なお、畳み込み層のストライドは1、プーリング層のストライドは2とします。

分類モデルでは基本的に入力画像が各クラスに該当する確率を出力とします。今回の場合は、犬である確率とフクロウである確率の2つの確率を出力とするため、出力層のユニット数は2とし、活性化関数にSoftmax関数を用います。Softmax関数は各クラスに対する確率の和が1となるように確率を出力します。たとえば、ベクトルの1番目の要素が犬である確率、2番目の要素がフクロウである確率とした場合、犬の画像を入力したときは出力として$(0.9, 0.1)$といったような2次元ベクトルが得られるということになります。

したがって、出力層の誤差の計算に用いられる正解データも画像の各クラスに対する確率を表す2次元ベクトル(one-hotベクトル)となり、犬の画像は犬である確率が100%であるため$(1, 0)$、フクロウの画像は同様にして$(0, 1)$という形で与えられます。

■ モデルの構築・学習(train.ipynb)

CNNモデルの構築と学習を行うコードを紹介します。ただし、Jupyter Notebookを用いてコードブロックごとにコードを記述していく形式をとります。

`train.ipynb` を作成し、まずは必要なライブラリをインポートします。

```
import numpy as np
from matplotlib import pyplot as plt

from keras.models import Sequential
from keras.utils import image_dataset_from_directory
from keras.layers import Input, Conv2D, MaxPooling2D, Flatten, Dense
from keras.layers import Dropout, Rescaling
from keras.layers import RandomFlip, RandomRotation
from keras.layers import RandomZoom, RandomTranslation
from keras.layers import RandomBrightness, RandomContrast
from keras.optimizers import SGD
from keras.callbacks import ModelCheckpoint
```

グラフの描画にMatplotlibのpyplot、CNNモデルの構築にKerasを用います。
次に学習に関するハイパーパラメータの設定を行います。

```
# 入力画像サイズ
img_width, img_height = 64, 64

# データセットのパス
train_data_dir = "./dataset/train"
test_data_dir = "./dataset/test"

# 学習回数
epoch = 500

# 学習率
learning_rate = 0.01

# バッチサイズ
batch_size = 8

# クラス設定
classes = ["dog", "owl"]
nb_classes = len(classes)
```

img_width と img_height にそれぞれ入力画像の幅と高さを代入します。train_data_dir には学習用の画像が入ったフォルダのパス、test_data_dir にはテスト用の画像が入ったフォルダのパスを代入します。epoch には学習回数、learning_rate には学習率、batch_size にはバッチサイズ、classes には定義するクラスの文字列のリストを代入します。nb_classes はクラス数を表し、出力層のユニット数の設定に用いられます。

次にCNNモデルの構築を行います。

```
# モデルの定義
model = Sequential()

# 入力層
model.add(Input(shape=(img_height, img_width, 3)))

# データ拡張
model.add(RandomFlip())
model.add(RandomRotation(0.2))
model.add(RandomZoom(0.2, 0.2))
model.add(RandomTranslation(0.2, 0.2))
```

▼

```
model.add(RandomBrightness(0.2))
model.add(RandomContrast(0.2))

# 正規化
model.add(Rescaling(1./255))

# 中間層
model.add(Conv2D(64, (3, 3), padding='same', activation='relu'))
model.add(MaxPooling2D(pool_size=(2, 2)))

model.add(Conv2D(128, (3, 3), padding='same', activation='relu'))
model.add(MaxPooling2D(pool_size=(2, 2)))

model.add(Dropout(0.5))
model.add(Flatten())
model.add(Dense(128, activation='relu'))
model.add(Dropout(0.25))

# 出力層
model.add(Dense(nb_classes, activation='softmax'))

# モデルの確認
model.summary()
```

`model = Sequential()` でモデルのベースを定義し、`model.add()` を用いて層を順に追加していきます。

まず、入力層 `Input()` を追加します。`Input` のキーワード引数 `shape` には入力画像のサイズとチャネル数をタプル形式で入力します。

次に、データ拡張を行う層を追加します。`RandomFlip()` は反転、`RandomRotation()` は回転、`RandomZoom()` は拡大縮小、`RandomTranslation()` は水平移動、`RandomBrightness()` は明るさ変化、`RandomContrast()` はコントラスト変化を行います。それぞれ引数の値はデータ拡張の強度を表し、基本的に0から1までの値で設定します。データ拡張の強度が強すぎると非現実的な画像が生成されるため、適度な値を設定する必要があります。

次に、正規化を行う層を追加します。`Rescaling()` は引数で与えられた数値を入力データに乗算します。画像の場合は255で除算すればよいので、`Rescaling(1./255)` となります。`1.` の `.` は1を浮動小数点数として扱うという意味の記述です。

次に、中間層を追加します。畳み込み層は `Conv2D()`、プーリング層は `MaxPooling2D()`、ドロップアウト層は `Dropout()`、全結合層は `Dense()` を用います。全結合層の前に配置している `Flatten()` は前の層の出力を1次元配列に変換(平坦化)する処理を行う層です。`Flatten()` を用いることで畳み込みおよびプーリングで得られた特徴マップを全結合層につなぐことができるようになります。

`Conv2D()` の引数には、フィルタ数、フィルタサイズを順に指定します。キーワード引数として `padding='same'` を指定すると出力する特徴マップに対してゼロパディングを行います。また、`activation='relu'` で活性化関数をReLUに指定できます。ストライドもキーワード引数で指定できますが、指定がない場合、ストライドは1となります。

`MaxPooling2D()` ではキーワード引数 `pool_size` でプーリング領域を指定します。ストライドは指定した領域に従って自動計算されます。たとえば `pool_size=(2, 2)` のとき、ストライドは2となります。

`DropOut()` では引数にドロップアウト率(0から1までの値)を指定します。

`model.summary()` はネットワーク構造を可視化するコードです。上記のコードブロックを実行すると、次のような出力が得られます。

```
Model: "sequential"
```

Layer (type)	Output Shape	Param #
random_flip (RandomFlip)	(None, 64, 64, 3)	0
random_rotation (RandomRotation)	(None, 64, 64, 3)	0
random_zoom (RandomZoom)	(None, 64, 64, 3)	0
random_translation (RandomTranslation)	(None, 64, 64, 3)	0
random_brightness (RandomBrightness)	(None, 64, 64, 3)	0
random_contrast (RandomContrast)	(None, 64, 64, 3)	0
rescaling (Rescaling)	(None, 64, 64, 3)	0
conv2d (Conv2D)	(None, 64, 64, 64)	1,792
max_pooling2d (MaxPooling2D)	(None, 32, 32, 64)	0
conv2d_1 (Conv2D)	(None, 32, 32, 128)	73,856
max_pooling2d_1 (MaxPooling2D)	(None, 16, 16, 128)	0
dropout (Dropout)	(None, 16, 16, 128)	0
flatten (Flatten)	(None, 32768)	0

dense (Dense)	(None, 128)	4,194,432
dropout_1 (Dropout)	(None, 128)	0
dense_1 (Dense)	(None, 2)	258

```
Total params: 4,270,338 (16.29 MB)
Trainable params: 4,270,338 (16.29 MB)
Non-trainable params: 0 (0.00 B)
```

`Output Shape` の列は各層が出力するデータの形状を示します。データの形状はバッチサイズ、高さ、幅、チャネル数の順に表します。バッチサイズはモデル構築よりも後に指定する値であるため、`None` と表示されます。`flatten` 以降は1次元配列となるため、バッチサイズ、ユニット数の表示となります。また、2×2のプーリング後は特徴マップの高さ・幅が半分になるため、`maxpooling2d` および `maxpooling2d_1` の後は特徴マップのサイズが32×32、16×16となります。`Param` の列は各層におけるパラメータ数を表します。

`Total params` はモデル全体におけるパラメータ数、`Trainable params` はモデル全体のパラメータのうち学習対象とするパラメータの数、`Non-trainable params` はモデル全体のパラメータのうち学習対象としないパラメータの数を表します。今回はすべてのパラメータを学習させるため、すべてのパラメータが `Trainable params` となります。

`Non-trainable params` は学習済みのモデルを用いて出力層のみを再学習させるときなどに現れます。

次に誤差関数を設定します。

```
# 誤差関数は多クラス交差エントロピー、最適化手法は勾配降下法
model.compile(
        loss='categorical_crossentropy',
        optimizer=SGD(learning_rate=learning_rate),
        metrics=['accuracy'])
```

`model.compile()` を用いて誤差関数 `loss` 、パラメータ調整の方法 `optimizer` 、モデルの検証に用いる評価指標 `metrics` の設定を行います。

今回のモデルは出力層にSoftmax関数を用いた多クラス分類を行うため、多クラス交差エントロピー `categorical_crossentropy` という誤差関数を用います。パラメータ調整は勾配降下法 `SGD` を用います。評価指標は正解率（Accuracy）を用います。正解率はモデルが正しく分類したサンプルの割合を表します。評価指標の指定は `['accuracy']` のようにリスト形式で入力します。

06
画像認識AIの基礎

次にモデルの保存設定を行います。

```
# モデルの保存設定
mc_cb = ModelCheckpoint(
        filepath='./best_model.keras',
        monitor='val_loss',
        verbose=0,
        save_best_only=True)
```

モデルの保存は学習中に実行されるコールバック関数 ModelCheckpoint を用いて定義します。filepath に保存するモデルの名前（パス）、monitor に監視する評価指標を入力します。val_loss は検証データに対する誤差です。verbose=0 はモデルの保存に関するメッセージを抑制する設定です。save_best_only=True は monitor で指定した評価指標が最も小さくなったときにモデルを保存する設定です。

今回は検証誤差が最も小さくなったモデルを ./best_model.keras という名前で保存します。

次にデータの読み込みを行います。

```
# 学習データの読み込み
train_dataset = image_dataset_from_directory(
        train_data_dir,
        label_mode='categorical',
        class_names=classes,
        batch_size=batch_size,
        image_size=(img_height, img_width))

# テストデータの読み込み
test_dataset = image_dataset_from_directory(
        test_data_dir,
        label_mode='categorical',
        class_names=classes,
        batch_size=1,
        image_size=(img_height, img_width))
```

image_dataset_from_directory() を用いて、学習用データセットとテスト用データセットをそれぞれ構築します。image_dataset_from_directory() はデータセットフォルダの構造を読み取って自動的に正解データを生成したり、画像のリサイズを行ったりすることができます。

第1引数にはデータセットフォルダのパスを指定します。指定したフォルダ内のサブフォルダの名前がそのままクラスとして定義されます。label_mode='categorical' は one-hotベクトルの正解データを生成する設定です。class_names には出力されるクラス確率の順番を指定できます。

たとえば class_names=["dog", "owl"] と指定すれば、出力される2次元ベクトルは("dog" である確率、"owl" である確率)のようになります。image_size には画像サイズを指定します。各画像は image_size に基づいて自動的にリサイズされます。

前ページのコードブロックを実行すると次のような出力が得られます。

```
Found 182 files belonging to 2 classes.
Found 40 files belonging to 2 classes.
```

学習用とテスト用でそれぞれ182枚の画像と40枚の画像が正常に読み込まれたことが確認できます。

最後にモデルの学習を実行します。

```
# 学習
history = model.fit(
    train_dataset,
    epochs=epoch,
    validation_data=test_dataset,
    callbacks=[mc_cb])
```

モデルの学習は model.fit() を実行することでスタートします。第1引数に学習用データセットを指定します。epochs には学習回数を指定します。validation_data には検証用データセットを指定します。今回はテスト用データセットを検証用データセットとして使用するため、validation_data=test_dataset となります。callbacks には学習中に実行するコールバック関数をリスト形式で指定します。モデルの学習が完了すると、history にモデルの学習結果が保存されます。

上記のコードブロックを実行すると、次のように学習の進捗が表示されます。

```
Epoch 1/1000
12/12 ━━━━━━━━━━━━━━━━━━ 2s 71ms/step - accuracy: 0.5406
- loss: 0.7079 - val_accuracy: 0.5000 - val_loss: 0.7322
Epoch 2/1000
12/12 ━━━━━━━━━━━━━━━━━━ 1s 51ms/step - accuracy: 0.5061
- loss: 0.7097 - val_accuracy: 0.5250 - val_loss: 0.6820
Epoch 3/1000
12/12 ━━━━━━━━━━━━━━━━━━ 1s 49ms/step - accuracy: 0.4718
- loss: 0.7163 - val_accuracy: 0.7000 - val_loss: 0.6617
Epoch 4/1000
12/12 ━━━━━━━━━━━━━━━━━━ 1s 103ms/step - accuracy:
0.5117 - loss: 0.6981 - val_accuracy: 0.7500 - val_loss: 0.6572
Epoch 5/1000
12/12 ━━━━━━━━━━━━━━━━━━ 1s 103ms/step - accuracy:
0.5561 - loss: 0.6886 - val_accuracy: 0.7000 - val_loss: 0.6458
```

06
画像認識AIの基礎

```
Epoch 6/1000
12/12 ━━━━━━━━━━━━━━━━━━━━━━━━ 1s 108ms/step - accuracy:
0.6127 - loss: 0.6795 - val_accuracy: 0.7750 - val_loss: 0.6397
Epoch 7/1000
12/12 ━━━━━━━━━━━━━━━━━━━━━━━━ 1s 102ms/step - accuracy:
0.5479 - loss: 0.6907 - val_accuracy: 0.7500 - val_loss: 0.6289
Epoch 8/1000
12/12 ━━━━━━━━━━━━━━━━━━━━━━━━ 1s 97ms/step - accuracy: 0.5112
- loss: 0.7045 - val_accuracy: 0.6000 - val_loss: 0.6456
Epoch 9/1000
12/12 ━━━━━━━━━━━━━━━━━━━━━━━━ 1s 96ms/step - accuracy: 0.5294
- loss: 0.6878 - val_accuracy: 0.7500 - val_loss: 0.6355
Epoch 10/1000
12/12 ━━━━━━━━━━━━━━━━━━━━━━━━ 1s 98ms/step - accuracy: 0.6084
- loss: 0.6629 - val_accuracy: 0.6500 - val_loss: 0.6357
```

　 accuracy と loss はそれぞれ学習データに対する正解率と誤差を表し、val_accuracy と val_loss はそれぞれ検証データに対する正解率と誤差を表します。
　学習が完了した後、学習の成否を確認するために**学習曲線**を描きます。学習曲線は縦軸に誤差、横軸に学習回数をとったグラフで、学習データに対する誤差（学習誤差）と検証データに対する誤差（検証誤差）の両方をプロットします。

```
# 移動平均のウィンドウサイズ
factor = 100
offset = factor // 2

# 誤差のグラフ化
loss = history.history['loss']
loss = np.convolve(loss, np.ones(factor), mode='valid') / factor
val_loss = history.history['val_loss']
val_loss = np.convolve(val_loss, np.ones(factor), mode='valid') / factor

plt.plot(range(offset, len(loss)+offset), loss, label='loss')
plt.plot(range(offset, len(val_loss)+offset),
         val_loss, linestyle=':', label='val_loss')
plt.xlim([0, epoch])
plt.xlabel('epoch')
plt.ylabel('loss')
plt.legend(loc='best')
plt.show()
```

`loss` や `val_loss` などの値は `history` に `history` という名前の辞書で保存されており、それぞれリストとして取り出すことができます。今回は学習回数が1000回と多く、検証誤差のばらつきが大きいため、誤差の値をそのままプロットすると見にくいグラフになります。したがって、ここではウィンドウサイズ100の移動平均を計算してプロットします。

上記のコードブロックを実行すると次のようなグラフが描画されます。

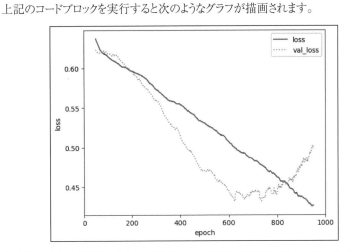

学習誤差と検証誤差の両方が減少していく様子が確認できますが、途中から検証誤差が上昇傾向に変化しており、検証誤差が学習誤差よりも大きくなっていく様子（過学習）が確認できます。学習回数を今回設定した1000回以上に増やしてもモデルの性能改善は期待できないことが予想できます。

誤差の学習曲線と同様に、正解率の学習曲線も描きます。

```python
# 正解率のグラフ化
acc = history.history['accuracy']
acc = np.convolve(acc, np.ones(factor), mode='valid') / factor
val_acc = history.history['val_accuracy']
val_acc = np.convolve(val_acc, np.ones(factor), mode='valid') / factor

plt.plot(range(offset, len(acc)+offset), acc, label='acc')
plt.plot(range(offset, len(val_acc)+offset),
        val_acc, linestyle=':', label='val_acc')
plt.xlim([0, epoch])
plt.xlabel('epoch')
plt.ylabel('accuracy')
plt.legend(loc='best')
plt.show()
```

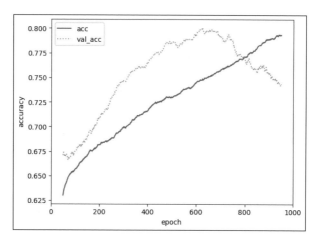

　正解率は誤差と違い高ければ高いほど良い評価指標であるため、学習データに対する正解率と検証データに対する正解率の両方が上昇していくことが理想です。上図では両方の正解率が途中まで上昇傾向を示しており、検証データに対する正解率が最大で80%近くまで到達していることがわかります。この時点のモデルは未知の画像に対してある程度分類ができるようになっていることが予想されます。

▐▌▌ モデルのテスト（test.ipynb）

　`test.ipynb`を作成し、`train.ipynb`で学習したモデル（学習済みモデル）を用いて画像分類のテストを行います。

```python
import numpy as np
from matplotlib import pyplot as plt

from keras.preprocessing.image import load_img, img_to_array
from keras.models import load_model

img_height, img_width = 64, 64
classes = ["dog", "owl"]

# モデルの読み込み
model = load_model("./best_model.keras")

# テストする画像パスのリスト
img_list = [
    "dataset/test/dog/056_0010.jpg",
    "dataset/test/dog/056_0011.jpg",
    "dataset/test/owl/152_0010.jpg",
```

```
        "dataset/test/owl/152_0011.jpg",
]

for img_path in img_list:
    # 画像の読み込み
    img = load_img(img_path, target_size=(img_height, img_width))

    # 画像の表示
    plt.imshow(img)
    plt.axis('off')
    plt.show()

    # 予測用にデータを変換
    x = img_to_array(img)
    x = x[None, ...]

    # クラスを予測
    pred = model.predict(x)[0]
    print(pred)
    class_id = np.argmax(pred)
    print(f"This image is '{classes[class_id]}'")
```

`load_model()` は学習済みモデルを読み込む関数で、引数に `ModelCheck point()` で保存したモデルファイルのパスを指定します。

`load_img()` は画像を読み込み、キーワード引数 `target_size` で指定した画像サイズにリサイズします。モデルに入力する画像データはバッチサイズを含む形状（バッチサイズ、高さ、幅、チャネル数）に変換する必要があるため、`img_to_array()` で `np.ndarray` 形式に変換した後、`x = x[None, ...]` でバッチサイズ用の次元を追加します。今回は `(None, 64, 64, 3)` という形状になります。

クラスの予測は `model.predict()` を用います。`model.predict()` は今回の場合 `(None, 2)` の形状（2重のリスト構造）を持つデータを出力するため、`[0]` を付けることで各クラスに対する確率が格納された2次元ベクトルのみを取り出します。

最後に、分類の結果として最も確率が高いクラスを表示するために、`np.argmax()` を用いて2次元ベクトルの要素の最大値のインデックス（クラスの番号）を抽出します。

実行結果は次のようになります。

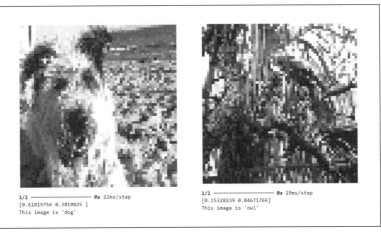

　入力画像の下にリスト形式で犬である確率とフクロウである確率、分類結果が表示されます。今回は少量のデータを用いて小規模なCNNモデルを用いましたが、おおむね良好な分類結果が得られています。入力画像サイズを大きくしたり、画像の量を増やしたりすることで、より良い結果が得られるようになると考えられます。

モデルのONNX変換（convert.ipynb）

tf2onnx を用いて学習済みモデルをONNX形式に変換します。下記のコードは、convert.ipynb に記述することとします。

```python
import tensorflow as tf
import numpy as np
import tf2onnx
from keras.models import load_model

# モデルの読み込み
model = load_model("./best_model.keras")

# ONNX形式への変換に必要な設定
model.output_names=["output"]
input_signature = tf.TensorSpec(shape=(None, 64, 64, 3), dtype=np.float32)

# ONNX形式への変換
tf2onnx.convert.from_keras(
    model,
    input_signature=[input_signature],
    output_path="./dog_owl.onnx")

print("Done")
```

モデルの読み込みは test.ipynb と同様に load_model() を用いて行います。モデルをONNX形式に変換するには、モデルの入力の情報と出力の名前を明示的に指定する必要があります。model.output_names=["output"] ではモデルの出力に output という名前を付けています。

input_signature = tf.TensorSpec(shape=(None, 64, 64, 3), dtype=np.float32) では入力の情報として (None, 64, 64, 3) という形状と np.float32 というデータ型を指定しています。TensorFlowでは特に指定がなければモデルのデータ型は基本的に np.float32 となります。

ONNX形式への変換は tf2onnx.convert.from_keras() を用います。第1引数にモデル、input_signature に tf.TensorSpec() のリスト、output_path にONNXファイルの名前を指定します。変換が完了すると Done が表示されます。

画像分類アプリケーションの実装（app.ipynb）

　前節で生成したONNXファイルを用いて画像分類アプリケーションを実装します。アプリケーションフレームワークとしてTkinterを用いていますが、Tkinterに関する解説は割愛します。

- Tkinter

  URL https://docs.python.org/ja/3/library/tkinter.html

　実装コードを下記に示します。ここでは **app.ipynb** に記述することとします。

```python
import os
import numpy as np
from onnxruntime import InferenceSession

import tkinter as tk
from tkinterdnd2 import DND_FILES, TkinterDnD
from PIL import Image, ImageTk


IMG_HEIGHT, IMG_WIDTH = 64, 64
ONNX_PATH = "./dog_owl.onnx"
CLASSES = ["犬", "フクロウ"]

class MyApp(TkinterDnD.Tk):
    def __init__(self):
        super().__init__()

        self.is_imshow = False
        self.img_path = None

        # ウィンドウ設定
        self.title("Dog or Owl")
        self.geometry('500x500')

        # 画像表示用フレーム
        self.img_frame = tk.LabelFrame(
            self, width=400, height=400,
            text="ここにドラッグ&ドロップしてください",
            labelanchor="n")
        self.img_frame.drop_target_register(DND_FILES)
```

```
        self.img_frame.dnd_bind('<<Drop>>', self.funcDragAndDrop)
        self.img_frame.pack()

        # 分類結果表示用テキスト
        self.text1 = tk.Label(self, text="ここに分類結果が表示されます")
        self.text1.pack()
        self.text2 = tk.Label(self, text="")
        self.text2.pack()

    # 画像の分類
    def classify(self):
        if self.is_imshow:
            self.clear_image()

        # 画像の読み込み
        img = Image.open(open(self.img_path, 'rb'))
        img = img.convert('RGB')

        # 画像の分類
        x = img.resize((IMG_WIDTH, IMG_HEIGHT))
        x = np.array(x, dtype=np.float32)
        x = x[None, ...]
        model = InferenceSession(ONNX_PATH)
        input_name = model.get_inputs()[0].name
        result = model.run(['output'], {input_name: x})[0][0]
        class_id = np.argmax(result)
        class_name = CLASSES[class_id]

        # 画像の表示
        img_photo = ImageTk.PhotoImage(img.resize((400, 400)))
        self.img_view = tk.Label(self.img_frame, image=img_photo)
        self.img_view.image = img_photo
        self.img_view.pack()

        # テキストの更新
        filename = os.path.basename(self.img_path)
        dog_prob = result[0] * 100
        owl_prob = result[1] * 100
        self.text1['text'] = f"{filename} は {class_name} の画像です"
        self.text2['text'] = f"犬である確率は {dog_prob:.2f} %," + \
                             f"フクロウである確率は {owl_prob:.2f} %"

        self.is_imshow = True
```

```
    # 画像のクリア
    def clear_image(self):
        try:
            self.img_view.image = None
            self.img_view.destroy()
        except Exception as e:
            print(f"{e}")

        self.is_imshow = False

    # ドラッグ&ドロップによるファイルパスの取得
    def funcDragAndDrop(self, event):
        p = event.data
        p = p.strip('{').strip('}')
        if os.path.splitext(p)[1].lower() in ['.jpg', '.jpeg', '.png']:
            self.img_path = p
            self.classify()
        else:
            filename = os.path.basename(p)
            self.text1['text'] = f"{filename} は画像ファイルではありません"
            self.text2['text'] = ""
            if self.is_imshow:
                self.clear_image()

if __name__ == "__main__":
    app = MyApp()
    app.mainloop()
```

コメント **#画像の分類** の部分がONNXファイルを用いて画像分類を行っているコードです。

`model = InferenceSession(ONNX_PATH)` でONNXファイルを読み込み、モデルを構築します。`input_name = model.get_inputs()[0].name` ではモデルの入力の名前を取得しています。今回は入力の名前を特に指定していないので、モデルの構築時に自動的に付与された名前を取得します。

`result = model.run(['output'], {input_name: x})[0][0]` ではモデルに画像データを入力して出力を得ます。`model.run()` の第1引数に得たい出力の名前をリスト形式で指定し、第2引数に入力の名前と入力する画像データを辞書形式で指定します。画像データの形状は例によってバッチサイズを含む形状に変換しておきます。得られた出力は本来のデータの形状よりさらに次元が1つ増えた形状となっているため、`[0][0]` を付けて目的の出力を取り出します。

上記のコードを実行すると次のようなウィンドウが表示されます。

　「ここにドラッグ&ドロップしてください」と書かれた枠があり、ここに画像ファイルをドラッグ&ドロップすると画像が表示され、画像分類が実行されます。分類結果は「ここに分類結果が表示されます」と書かれた部分に表示されます。たとえば、サンプル画像をドラッグ&ドロップすると次のような結果が得られます。

　犬である確率が55.82%、フクロウである確率が44.18%となり、犬の画像に分類されました。

　このようにONNX Runtimeが動作する環境であれば、学習済みモデルを用いたアプリケーション開発を容易に行うことができます。今回はアプリケーションフレームワークとしてTkinterを使用しましたが、より複雑なAIアプリケーション開発においても、AIの部分は本章のような流れで実装していくことになります。

Google Colaboratory の基本操作と Anaconda の導入

Google Colaboratoryの基本操作

ここでPythonを利用することができるクラウド環境であるGoogle Colaboratoryについて改めて紹介します。Google Colaboratoryはブラウザでアクセスして利用できるクラウドサービスで、Pythonというプログラミング言語をサポートしています。

下記のURLにアクセスすると、Google Colaboratoryのトップページにアクセスできます。

● Google Colab

URL https://colab.research.google.com/?hl=ja

右上にログインという項目があるので、普段利用しているアカウントでログインしておきましょう。

Google Colaboratoryでは、ノートブックというページを用意して分析作業を行います。Google Colaboratoryで作業を始めるには、まずメニューの「ファイル」から「ノートブックの新規作成」を選択し、空白のノートブックを新規作成します。

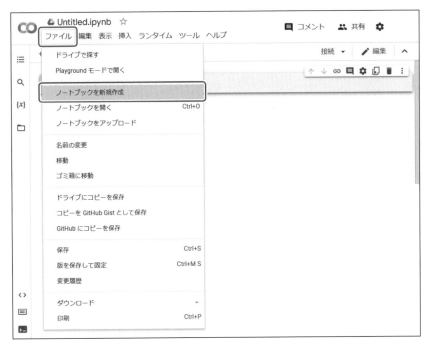

　ノートブックはPythonというプログラミング言語を実行する環境として広く使われている形式です。ノートブックではセルという部品を追加して書き込みます。

　テキストセルは、その名前の通り、メモあるいはレポートを入力するためのセルです。このセルにMarkdownというフォーマットで入力すると、段落、箇条書きなどのスタイルを指定することができます。セルの上部にWordと同じようにスタイル設定のアイコンが並んでいます。マウスポインタを重ねると説明が表示されるので、直感的に使えるかと思います。
　ただ、実はこれらのスタイル設定では、Markdownという特殊な形式が使われます。たとえば、次にあるように「大見出し」と入力して、その行にカーソルを置いたまま左上の「ヘッダーを切り替え」を押すと、「大見出し」という行の先頭に半角の「#」と半角スペースが追加されます。

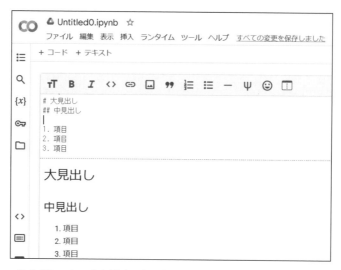

そして、入力欄の下に、「大見出し」が大きなサイズで表示されていることがわかるかと思います。これはHTMLファイルで見出しを表す`H1`というタグの指定に相当します。Markdownは複雑なスタイル設定はできませんが、簡易的なレポートを記述するには便利なフォーマットとして、プログラマなどによく利用されています。本書ではMarkdownの詳細について説明いたしませんが、Google Colaboratoryに詳細は解説は用意されています（ただし、英語での解説になります）。

● Markdownの解説

URL https://colab.research.google.com/notebooks/markdown_guide.ipynb

コードセルは、薄いグレーがかったセルで、左に丸い実行ボタンがあります。グレーの部分にPythonのコードを書いて、実行ボタンをクリックすると、その結果が下に表示されます。実行ボタンをクリックする代わりにCtrlキーかShiftキーを押しながらEnterキーを押しても、入力されたコードが実行されます。Shiftキーと一緒に押した場合、実行結果が表示されるのと同時に、下にコードセルが追加されます。コードセルの追加は、ノートブックの上部か、あるいはセルの下にポップアップで表示されるボタンをクリックしても追加でききます。

ちなみに「+Code」の上にマウスポインタを重ねると「Ctrl+M B」と表示されます。これは「+Code」ボタンをクリックする操作は、キーボードでCtrlキーとMキーを押した後で、Bキーを押すことでもCodeセルを追加できることを意味しています。このようにマウス操作をキーボード操作で代えることをキーボードショートカットといいます。キーボードショートカットの詳細は、ノートブック上の「ツール」「キーボードショートカット」から確認できます。

コードセルには、基本的には文章を入力しません。入力するとエラーになります（コメントという「#」記号で始まる行は例外です）。

ノートブックの名前は左上で変更できます。ファイル名の後ろの「.ipynb」というのは拡張子なので、消さないようにしてください。

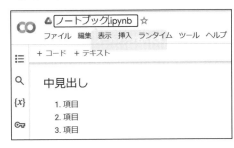

▐▐▐ Google Driveとの連携

本書では、筆者が作成した公開ノートブックを公開しています。URLにアクセスすることで、そのノートブックを利用できますが、ブラウザを閉じてしまうと、ノートブックに加えた変更は消えてしまいます。もしも、ノートブックに変更を加えて保存したい場合は、自身のGoogle Driveに保存することができます。

次のようにDriveをマウント（接続）します。

```
# この行は＃記号が行頭にあります。これをコメントといいます。
# コードの説明を書くとき、行頭に＃をおきます
# Google Driveに接続します。Googleアカウントのログインを求めるダイアログが
# 別に表示されます
# Google Driveに接続するかどうかの確認があり
# 自分のアカウントを選び
# アクセスを「許可」するか求められるので、許可ボタンを押してください
from google.colab import drive
drive.mount('/content/drive')
```

A

Google Colaboratoryの基本操作とAnacondaの導入

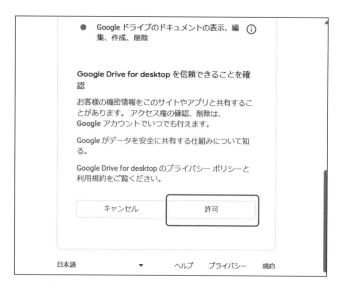

マウントしたら、次のようにして、MyDriveというフォルダに移動しておきます。

```
# フォルダを移動します
import os
os.chdir('/content/drive/MyDrive/')
```

保存したノートブックにアクセスするには、Googleの右上の3点ドットをクリックし、「ドライブ」を選びます。最近使ったファイルの一覧に、保存したノートブックが確認できますが、「マイドライブ」をアクセスして確認することもできます。

SECTION-040

Pythonを自分のパソコンにインストールする（Anacondaの導入）

　ここではAnacondaの導入方法について紹介しています。ただし、Anaconda公式サイトのデザインやインストーラの仕様は今後変更される可能性があるため、本書の掲載内容と異なる場合があることに注意してください。

▌▌▌ Anacondaのインストール

　Anacondaをインストールするには次のように操作します。

❶ Anacondaのダウンロードページ（https://www.anaconda.com/download）にアクセスし、「Email Address:」の欄にメールアドレスを入力して、「Submit」ボタンをクリックします。

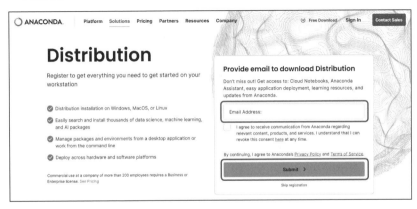

❷ 成功すると「Success!」と書かれた画面に変わります。

❸ 入力したメールアドレス宛てにAnacondaのダウンロードリンクが届きます。「Download Now」ボタンをクリックします。

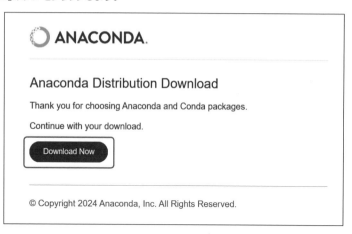

❹ 表示されたページのWindowsマークがある「Download」ボタンをクリックするとインストーラのダウンロードが始まります。

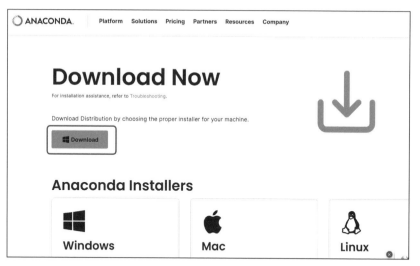

❺ 「Thank you for downloading!」と大きく書かれたページが表示されます。「Create Account」というボタンが表示されますが、アカウントを作る必要はありません。

❻ ダウンロードした「Anaconda3-20xx.xx-x-Windows-x86_64.exe」をダブルクリックで起動します。「x」には日付やバージョン番号などが入っています。起動すると「Welcome to Anaconda3 …」と書かれた画面が表示されるので、「Next」ボタンをクリックします。

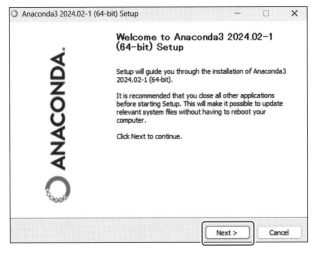

❼ 利用規約（ライセンス条項）についての確認画面が表示されるので、利用規約を読み、「I Agree」ボタンをクリックします。

A

Google Colaboratoryの基本操作とAnacondaの導入

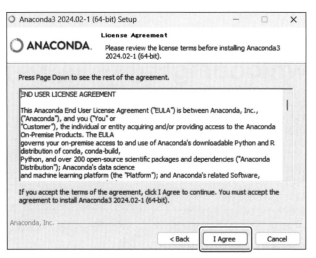

❽ インストール方法について問われるので、基本的には「Just Me（recommended）」を
ONにして「Next」ボタンをクリックします。「All Users」をONにするとパソコン上のす
べてのユーザーアカウントでAnacondaが使用できるようになりますが、インストールに
は管理者権限が必要となります。

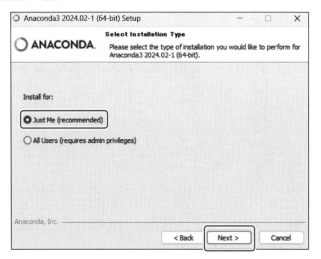

❾ Anacondaをインストールする場所を問われますが、既定値のまま変更せずに「Next」
ボタンをクリックします。

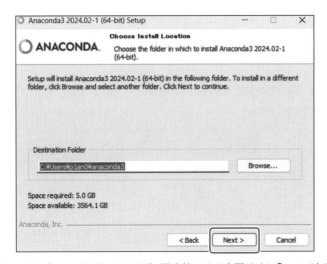

❿ インストールオプションを問われますが、既定値のまま変更せずに「Install」ボタンをクリックします。

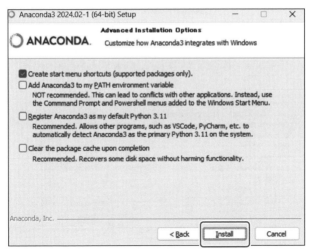

⓫ インストールが始まるので、完了するまで待ちます。

A

Google Colaboratoryの基本操作とAnacondaの導入

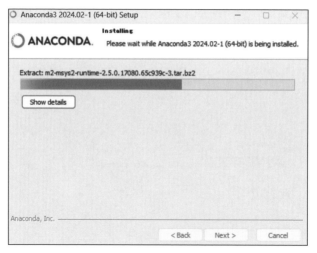

❿ 「Completed」と表示されたら「Next」ボタンをクリックします。

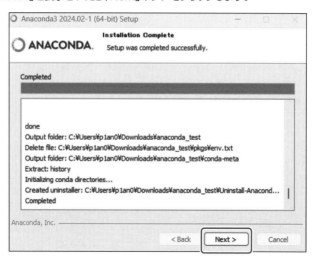

⓭ 「Next」をクリックします。

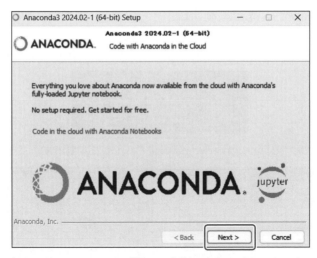

❶ チェックボックスをすべてOFFにして「Finish」ボタンをクリックし、インストーラ画面を閉じます。

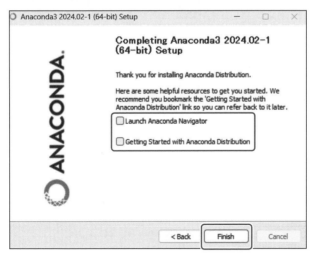

Ⅲ Anaconda Promptの起動

Anaconda Promptを起動するには次のように操作します。

❶ Windowsのタスクバー（画面下部）の検索ボックスに「anaconda」と入力します。

❷ 検索結果の中から「Anaconda Powershell Prompt」を選択します。

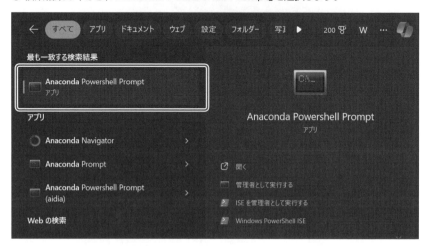

❸ Anaconda Promptが起動します。タスクバーやスタートメニューに登録しておくと以後の起動が楽になります。

▐▐▐ Anacondaを用いた仮想環境の構築

　ソフトウェアが動作するために必要なパッケージやライブラリ、設定などを総じて環境といい、コンピュータ上で作成した仮想の環境を**仮想環境**といいます。仮想環境を利用することで、コンピュータのシステム全体に影響を与えずに特定のソフトウェアを実行することができるようになります。

　昨今では第3次AIブームの影響もあり、機械学習関係の環境が頻繁に変化しているため、インターネット上で公開されている機械学習のソフトウェアやプログラムを自分のパソコンの環境で動作させようとすると、パッケージやライブラリのバージョンが違うため正常に実行できないという事態がよく起こります。そのため、機械学習関係のソフトウェアやプログラムを作成・実行するときは仮想環境を用いることが一般的になっています。Pythonの仮想環境構築ではAnacondaがよく利用されています。

　Anacondaでは、Anaconda Prompt上で `conda` コマンドを用いることで仮想環境の作成や管理などを行うことができます。仮想環境の作成は次のように行います。

```
conda create -n 環境の名前 python=バージョン番号
```

　環境の名前 は自由に付けることができます。**バージョン番号** にはPythonのバージョン番号を指定します。上記のコマンドを実行すると、指定したバージョンのPythonがインストールされた仮想環境が作成されます。

　仮想環境は作成した後、有効にする（アクティベートする）必要があります。仮想環境の有効化は次のように行います。

```
conda activate 環境の名前
```

　上記のコマンドを実行すると、Anaconda Promptの左端に表示されている **(base)** という文字が **(環境の名前)** に変化します。この状態でパッケージのインストールを行うことで仮想環境上にパッケージがインストールされます。

　パッケージのインストールは `conda` または `pip` コマンドを使用します。

```
conda install パッケージ名==バージョン番号
```

```
pip install パッケージ名==バージョン番号
```

　基本的には `pip` コマンドを使用することをおすすめします。`pip` コマンドでインストールできないパッケージがある場合は `conda` コマンドを使用します。

　仮想環境を切り替えたい場合は、有効にしている仮想環境を無効化する必要があります。仮想環境の無効化は次のように行います。

```
conda deactivate
```

作成した仮想環境のリストは次のコマンドを実行することで確認できます。

```
conda env list
```

仮想環境を削除したいときは次のようにコマンドを実行します。

```
conda remove -n 環境の名前 --all
```

INDEX